湖南种植结构调整暨产业扶贫实用技术丛书

西瓜甜瓜栽培技术

xiguatiangua
zaipeijishu

本书获得国家西甜瓜产业技术体系项目（CARS-25）资助

主　　编：孙小武　邓大成
副 主 编：戴思慧　欧小球　杨红波
编写人员：严钦平　罗　琳　易宝元　陈维纲
　　　　　庞兆良　张礼红　殷武平　马凌珂

湖南科学技术出版社

图书在版编目（CIP）数据

西瓜甜瓜栽培技术 / 孙小武，邓大成主编. -- 长沙:湖南科学技术出版社，2020.3（2020.8 重印）
（湖南种植结构调整暨产业扶贫实用技术丛书）
ISBN 978-7-5710-0418-7

Ⅰ．①西… Ⅱ．①孙… ②邓… Ⅲ．①西瓜一瓜果园艺 ②甜瓜一瓜果园艺 Ⅳ．①S65

中国版本图书馆 CIP 数据核字(2019)第 276110 号

湖南种植结构调整暨产业扶贫实用技术丛书

西瓜甜瓜栽培技术

主　　编：孙小武　邓大成
责任编辑：欧阳建文
出版发行：湖南科学技术出版社
社　　址：长沙市湘雅路 276 号
　　　　　http://www.hnstp.com
印　　刷：长沙新湘诚印刷有限公司
　　　　　（印装质量问题请直接与本厂联系）
厂　　址：长沙市开福区伍家岭街道新码头 9 号
邮　　编：410008
版　　次：2020 年 3 月第 1 版
印　　次：2020 年 8 月第 2 次印刷
开　　本：710mm×1000mm　1/16
印　　张：13
字　　数：180 千字
书　　号：ISBN 978-7-5710-0418-7
定　　价：42.00 元

《湖南种植结构调整暨产业扶贫实用技术丛书》编写委员会

序言
Preface

重农固本是安民之基、治国之要。党的“十八大”以来，习近平总书记坚持把解决好“三农”问题作为全党工作的重中之重，不断推进“三农”工作理论创新、实践创新、制度创新，推动农业农村发展取得历史性成就。当前是全面建成小康社会的决胜期，是大力实施乡村振兴战略的爬坡阶段，是脱贫攻坚进入决战决胜的关键时期，如何通过推进种植结构调整和产业扶贫来实现农业更强、农村更美、农民更富，是摆在我们面前的重大课题。

湖南是农业大省，农作物常年播种面积1.32亿亩，水稻、油菜、柑橘、茶叶等产量位居全国前列。随着全省农业结构调整、污染耕地修复治理和产业扶贫工作的深入推进，部分耕地退出水稻生产，发展技术优、效益好、可持续的特色农业产业成为当务之急。但在实际生产中，由于部分农户对替代作物生产不甚了解，跟风种植、措施不当、效益不高等现象时有发生，有些模式难以达到预期效益，甚至出现亏损，影响了种植结构调整和产业扶贫的成效。

2014年以来，在财政部、农业农村部等相关部委支持下，湖南省在长株潭地区实施种植结构调整试点。省委、省政府高度重视，高位部署，强力推动；地方各级政府高度负责、因地制宜、分类施策；有关专家广泛开展科学试验、分析总结、示范推广；新型农业经营主体和广大农民积极参与、密切配合、全力落实。在各级农业农村部门和新型农业经营主体的共同努力下，湖南省种植结构调整和产业扶贫工作取得了阶段性成效，集成了一批技术较为成熟、效益比较明显的产业发展模式，涌现了一批带动能力强、示范效果好的扶贫典型。

为系统总结成功模式，宣传推广典型经验，湖南省农业农村厅种植业管理处组织有关专家编撰了《湖南种植结构调整暨产业扶贫实用技术丛书》。丛书共 12 册，分别是《常绿果树栽培技术》《落叶果树栽培技术》《园林花卉栽培技术》《棉花轻简化栽培技术》《茶叶优质高效生产技术》《稻渔综合种养技术》《饲草生产与利用技术》《中药材栽培技术》《蔬菜高效生产技术》《西瓜甜瓜栽培技术》《麻类作物栽培利用新技术》《栽桑养蚕新技术》，每册配有关键技术挂图。丛书凝练了我省种植结构调整和产业扶贫的最新成果，具有较强的针对性、指导性和可操作性，希望全省农业农村系统干部、新型农业经营主体和广大农民朋友认真钻研、学习借鉴、从中获益，在优化种植结构调整、保障农产品质量安全，推进产业扶贫、实现乡村振兴中做出更大贡献。

丛书编委会

2020 年 1 月

目 录

Contents

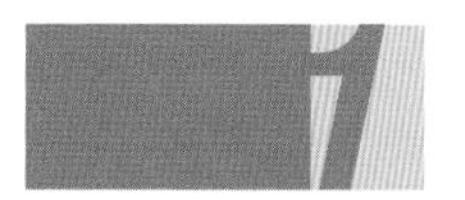

第一章 概 述

第二章 西瓜、甜瓜对环境条件的要求和需肥特点

第三章 无籽西瓜栽培技术

第四章 有籽西瓜栽培技术

7 第七章 西瓜、甜瓜病虫害防治技术

第一章
概　述

西瓜，原产于非洲，属葫芦科西瓜属，一年生蔓性草本双子叶开花植物。形状像藤蔓，叶子呈羽毛状。它所结出的果实是瓠果，为葫芦科瓜类所特有的一种肉质果，由 3 个心皮具有侧膜胎座的下位子房发育而成的假果。西瓜主要的食用部分为发达的胎座。果实外皮光滑，呈绿色或黄色有花纹，随着科研育种技术的创新，市场上呈现出了不同皮色的西瓜品种，西瓜果瓤多汁，为红色或黄色（罕见白色或黑色）。瓜瓤脆嫩，味甜多汁，含有丰富的矿物盐和多种维生素，是夏季主要的消暑果品。

甜瓜，又名香瓜，属于葫芦科甜瓜属，蔓性草本植物，主要以成熟果实作为鲜果消费，外观漂亮，香气浓郁。与西瓜相比，甜瓜含糖量更高、口感更脆。在夏季，人们食用甜瓜的频率仅次于西瓜，是人们盛夏消暑瓜果中的高档品。

我国种植西瓜、甜瓜历史悠久。大约公元前 1 世纪，西瓜从陆路经“丝绸之路”传到古代波斯和西域（我国新疆）一带。早在 2000 年前，在我国新疆、敦煌等地即以“地生美瓜”著称于世。由此可见，西瓜在我国种植至少有 2000 年的历史，最先在我国北方地区种植，也有 1000 年的历史了。对于甜瓜，《诗经》就有“中田有庐，疆场有瓜”（《小雅・信南山》）、“七月食瓜，八月断壶”（《豳风・七月》）的记载。同时根据对湖南长沙马王堆 1 号汉墓女尸胃中取出的甜瓜种子以及新疆吐鲁番高昌故城晋墓出土的甜瓜果实和种子考证，甜瓜在中国至少已有 2000 多年的栽培历史。

新中国成立以前，湖南虽有部分城镇郊区种植西瓜，但数量很少，品种主要从我国北方引进，如河南的花狸虎、手巾条、大麻子，山东的小梨皮、大梨皮等。以后从华东、东北等地传入日本的大和西瓜，由于自然留种，杂交变异，生产中无定型品种。1949 年后，湖南和全国一样，西瓜的栽培面积、生产水平、品种改良等均有较快的发展。1953 年湖南省农科院园艺研究所开始西瓜引种研究。1963 年开始无籽西瓜引种、制种和栽培技术研究，1965 年该所生产的无籽西瓜由湖南省外贸部门首次销往香港，随后三倍体无籽西瓜栽培面积逐渐扩大，湖南省外贸部门在长沙、邵阳等地定点生产，批量出口。20 世纪 70 年代原邵阳地区农科所配制了三倍体西瓜新组合无籽 304，以后定名为雪峰无籽 304 西瓜，该品种是 20 世纪 80 年代前后我国出口无籽西瓜的主要品种之一。1973 年湖南省农科院园艺研究所开始西瓜杂交一代利用研究，1975 年育成杂交一代新品种“湘蜜瓜”，该品种优势强，性状良好，获得省内外好评。20 世纪 80 年代，湖南省农科院园艺研究所继湘蜜瓜之后，又育成蜜桂、湘杂三号、湘杂四号、湘花等杂交一代新品种。1998 年该所瓜类研究室并入袁隆平高科技股份有限公司，作为下属的湘园瓜果分公司继续并加强了西瓜、甜瓜的育种与开发。湘西土家族苗族自治州经济作物站育成州优系列西瓜新品种，如州优 1 号、州优 2 号等。邵阳市农科所育成四倍体、三倍体西瓜新品种如无籽 304、雪峰花皮无籽等，1993 年该所发展成立湖南省瓜类研究所，在西瓜的育种与栽培研究等方面又上了一个新台阶。经过 20 余年的发展，该所已先后选育出了各种不同类型的西瓜、甜瓜新品种 50 多个，全部通过了国家审定（鉴定）或湖南省主要农作物品种审定委员会审定，这些品种品质优、抗性好、丰产性好，已被推广到全国各西瓜、甜瓜主产区，许多品种已成为当地的主栽品种，为湖南省乃至全国的西瓜、甜瓜产业发展做出了很大的贡献。

第一节　西瓜、甜瓜的主要营养价值

一、西瓜的主要营养价值

西瓜堪称“瓜中之王”，味道甘味多汁，清爽解渴，是盛夏佳果。西瓜不含脂肪和胆固醇，含有大量葡萄糖、苹果酸、果糖、蛋白氨基酸、番茄素及丰富的维生素 C 等物质，是一种富有营养、纯净、食用安全的食品。据测定，普通西瓜的果实中每 100 g 含营养物质有 0.6 g 蛋白质、40 g 糖、87 mg 钾、9 mg 磷、8 mg 镁、6 mg 维生素 C、75 mg 维生素 A、0.1 mg 维生素 E。此外还含有谷氨酸、瓜氨酸、丙氨酸等多种氨基酸，苹果酸等有机酸，甜茶碱、腺嘌呤等多种生物碱。西瓜中所含的各种矿物质元素、有机酸、生物碱、维生素等对保持人体正常功能、预防和治疗多种疾病都具有重要作用。西瓜果实中所含的配糖体，还有降血压、利尿和缓解急性膀胱炎的疗效。西瓜果皮可凉拌、腌渍，制蜜饯、果酱和饲料，在中医学上以瓜汁和瓜皮入药，功能清暑；西瓜种子含油量达 50%，可榨油、炒食或作糕点配料（表 1–1）。

表 1–1　每 100 g 西瓜（AVG）的营养成分列表

成分名称	含量	成分名称	含量	成分名称	含量
可食部（g）	56	水分（g）	93.3		
能量（kJ）	105	蛋白质（g）	0.6	脂肪（g）	0.1
碳水化合物（g）	5.8	膳食纤维（g）	0.3	胆固醇（mg）	0
灰分（g）	0.2	维生素 A（mg）	75	胡萝卜素（mg）	450
视黄醇（mg）	0	硫胺素（mg）	0.02	核黄素（mg）	0.03
尼克酸（mg）	0.2	维生素 C（mg）	6	维生素 E（T）（mg）	0.1
a-E	0.06	（β-γ）-E	0.01	δ-E	0.03
钙（mg）	8	磷（mg）	9	钾（mg）	87
钠（mg）	3.2	镁（mg）	8	铁（mg）	0.3

续表

成分名称	含量	成分名称	含量	成分名称	含量
锌（mg）	0.1	硒（mg）	0.17	铜（mg）	0.05
锰（mg）	0.05	碘（mg）	0		
异亮氨酸（mg）	18	亮氨酸（mg）	18	赖氨酸（mg）	18
含硫氨基酸（T）（mg）	11	蛋氨酸（mg）	4	胱氨酸（mg）	7
芳香族氨基酸（T）（mg）	24	苯丙氨酸（mg）	14	酪氨酸（mg）	10
苏氨酸（mg）	13	色氨酸（mg）	4	缬氨酸（mg）	20
精氨酸（mg）	66	组氨酸（mg）	9	丙氨酸（mg）	15
天冬氨酸（mg）	33	谷氨酸（mg）	96	甘氨酸（mg）	12
脯氨酸（mg）	11	丝氨酸（mg）	14		

二、甜瓜的主要营养价值

甜瓜含有大量的碳水化合物、柠檬酸、胡萝卜素和 B 族维生素、维生素 C 等，且水分充沛；能够促进消化、保护肝脏和防止脂肪肝。甜瓜含有转化酶，可将不溶性蛋白质转变成可溶性蛋白质，能帮助肾病患者吸收营养，对肾病患者非常有益。相比西瓜来说，甜瓜含糖量更高，肉质更脆，口感风味更佳，是瓜果中的极品（表 1–2）。

表 1–2　每 100 g 甜瓜可食部的营养素含量表

成分名称	含量	成分名称	含量
热量	26 kcal	维生素 E	0.47 μg
脂肪	0.1 g	锰	0.04 mg
蛋白质	0.4 g	锌	0.09 mg
碳水化合物	0.8 g	维生素 A	5 μg
膳食纤维	0.4 g	胆固醇	0

续表

成分名称	含量	成分名称	含量
硫胺素	0.02 mg	铜	0.04 mg
钙	14 mg	胡萝卜素	0.4 μg
核黄素	0.03 mg	钾	139 mg
镁	11 mg	磷	17 mg
烟酸	0.3 mg	钠	8.8 mg
铁	0.7 mg	硒	0.4 μg
维生素 C	15 mg	视黄醇当量	92.9 μg

第二节　西瓜、甜瓜分类

一、西瓜品种分类

我国生产的西瓜类型主要有以下 3 类：

（1）野生西瓜类，生长势强，抗病能力很强，抗逆性好，坐果节位高，果实圆，底色浅绿，果肉白，无生食价值。生产主要用作嫁接砧木等，做嫁接砧木具有亲和性好、嫁接易成活等优势。

（2）籽用西瓜类，果实圆，果形中或小，果肉软，甜味差，不宜生食。单瓜种子多，主要用来生产瓜籽，用作炒货。

（3）普通西瓜类，主要用于生食。根据果实形状可分为圆形、椭圆形两种；根据果实肉质颜色可分为红瓤和黄瓤类两种（罕见的有白瓤和黑瓤）；根据育种方法可分为固定品种和杂交品种。根据果实成熟期可分为早熟、中熟和晚熟品种。根据果实大小可分为大、中、小果型品种。根据果实内种子的数量可分为无籽、少籽和普通有籽西瓜品种。随着科学技术的不断创新，育种和选育出来的西瓜在外观果皮颜色上则表现为颜色、花纹、条带各异，各领风骚。

湖南省当前98%以上生产的西瓜品种种类为普通西瓜类。野生西瓜基本上只有一些从事西瓜、甜瓜育种的科研单位因科研需要，才有目的地种植；籽用西瓜也只在少数乡镇种植，如在永州市宁远县、常德地区部分乡镇有农户零星种植籽用西瓜的习惯。

根据湖南省内的栽培习惯和品种特点，又以无籽西瓜与普通有籽西瓜为主，高档小果型礼品西瓜为辅；结合省内各种植区域的栽培习惯，高档小果型礼品西瓜以大棚设施栽培为主，普通有籽西瓜主要有大棚长季栽培和露地栽培两种模式，其中，露地栽培模式占了近90%，近年来，由于气候因素影响导致露地栽培西瓜减产严重，大棚等设施栽培模式面积在逐年上升；无籽西瓜则主要以露地栽培为主，少数采取设施栽培模式。

二、甜瓜品种分类

甜瓜是一种栽培历史长达4000多年的古老作物，栽培地域遍布全球。在长时间、大范围的驯化栽培、人工选择和自然进化过程中，形成了类型多样的栽培种类，它们在生育期、结果习性、抗病虫能力、气候适应性等方面差别较大。

依据果皮网纹特征，甜瓜可分为网纹类与光皮类两种；依据熟性可分为早熟品种、中熟品种、晚熟品种3种类型；依据品种栽培要求可分为露地栽培品种和保护地栽培品种两类；依据果皮厚度可以分为薄皮甜瓜、厚皮甜瓜、厚薄皮杂交类型3种；根据薄皮甜瓜的果皮颜色，并结合农艺生物学特性，薄皮甜瓜又可分为白皮品种、黄皮品种、绿皮品种、花皮品种、粉质品种和小籽品种6类；厚皮甜瓜品种资源繁多，性状差异大，因具体分类标准不一而产生不同的分类品种。依据果皮颜色可分为白皮品种、黄皮品种、绿皮品种、花皮品种4类；依据果肉色泽可分为白肉品种、绿肉品种和红肉品种3类；按果肉质地则可分为软肉型、脆肉型和粉质型3类；依据品种生育期和农业生物学特征，可将厚皮甜瓜分为早熟圆球软肉甜瓜品种群、早熟脆肉品种群、中熟夏甜瓜品种群、中晚熟甜瓜品种群、晚熟冬甜瓜品种群和白兰瓜（卡沙巴）品种群6个品种群。据调查，湖南省内甜瓜种植主要以薄皮甜瓜露地栽培为主，具体品种以日本甜宝和新甜瓜为代表。近年来，随着栽培技术的普及与设施栽培的推广，厚皮甜瓜在湖南省的栽培面积逐年上升，品种主要以早熟脆肉品种群、中熟夏甜瓜品种群为主，代表性的品种主要有翠蜜 5 号、翠蜜 4 号、雪峰蜜 5 号和伊丽莎白。

第三节　西瓜、甜瓜产业概况

湖南省栽培西瓜、甜瓜历史悠久，与其他普通农作物比较，西瓜、甜瓜种植的比较效益相对要好，使得西瓜、甜瓜产业成为广大农户从事农业生产的理想选择。湖南省一直是我国长江流域（夏季）西瓜、甜瓜的优势产区，也是全国的西瓜生产主产区之一。据统计，全国西瓜、甜瓜产业重点县（市、区）共有 395 个，其中长江流域（夏季）西瓜、甜瓜的优势产区占了 156 个，湖南省就占了 47 个之多（表 1–3）。

表 1–3　湖南省西瓜、甜瓜产业重点县（市、区）分布情况一览表

市（州）	数量	县（市、区）名称
永州	10	冷水滩区、零陵区、道县、祁东县、祁阳县、蓝山县、江华县、江永县、东安县、新田县
株洲	3	株洲县、醴陵市、攸县
邵阳	3	邵东市、新邵县、邵阳县
岳阳	5	岳阳县、君山区、汨罗市、湘阴县、临湘市
郴州	6	桂阳县、临武县、汝城县、宜章县、资兴市、安仁县
娄底	4	双峰县、涟源市、新化县、娄星区
衡阳	6	珠晖区、衡阳县、衡南县、常宁市、衡山县、耒阳市
怀化	5	麻阳县、溆浦县、辰溪县、洪江市、芷江县
湘西州	3	吉首市、永顺县、龙山县

续表

市（州）	数量	县（市、区）名称
常德	1	汉寿县
益阳	1	南县

注：数据来源于国家西瓜、甜瓜产业技术体系。

一、全国西瓜、甜瓜生产情况

根据《2016 中国农业统计资料》公布的数字，2016 年全国西瓜播种面积 189.08 万 hm^2，总产量 7940.0 万 t，每公顷产量 41.99 t，比上年播种面积增加 3.01 万 hm^2，总产量增加 226.0 万 t，增幅 2.93%，每公顷单产提高 0.53 t。全国甜瓜播种面积 48.19 万 hm^2，总产量 1635 万 t，每公顷产量 33.93 t，比上年播种面积增加 2.1 万 hm^2，总产量增加 107.9 万 t，增幅为 7.07%，每公顷单产增加 0.8 t。全国西瓜、甜瓜种植面积和产量保持较为稳定的增长态势。但从国家西瓜、甜瓜产业技术体系实际调查与产区反馈的信息来看，近两年西瓜生产面积趋于稳定，但有下降趋势；甜瓜生产面积增长趋势明显。

二、湖南省西瓜、甜瓜生产情况

1. 播种面积、产量和单产状况

据统计，近 3 年来，湖南省全省累计共种植西瓜和甜瓜面积在 35 万 hm^2 以上，其中西瓜面积超过 30 万 hm^2，甜瓜面积 5 万 hm^2 左右；其中小型西瓜 2 万 hm^2 左右，早熟有籽西瓜 9 万 hm^2 左右（包括大棚长季节栽培西瓜 2 万 hm^2），中晚熟有籽西瓜 12 万 hm^2 左右，无籽西瓜 7 万 hm^2 左右。甜瓜以薄皮甜瓜为主，厚皮甜瓜为辅，厚皮甜瓜约 1.2 万 hm^2，薄皮甜瓜约 3.8 万 hm^2。

产量方面，小型西瓜单产 22800 kg/hm^2，早熟有籽西瓜 37500 kg/hm^2，长季节栽培西瓜 87000 kg/hm^2，中晚熟有籽西瓜 42150 kg/hm^2，无籽西瓜

39000 kg/hm^2。3 年来，全省累计生产西瓜总产量约 1260.90 万 t；甜瓜总产量 127.14 万 t（表 1-4）。

表 1-4 2015—2017 年湖南省西瓜、甜瓜产量情况表

品种类型	面积（hm^2）	单位产量（kg/hm^2）	产量（万 t）
小型西瓜	20000	22800	45.60
早熟有籽西瓜	70000	37500	262.50
长季节栽培西瓜	20000	87000	174.00
中晚熟有籽西瓜	120000	42150	505.80
无籽西瓜	70000	39000	273.00
小计	300000	/	1260.90
厚皮甜瓜	12000	33750	40.50
薄皮甜瓜	38000	22800	86.64
小计	50000	/	127.14

2. 西瓜、甜瓜区域生产分布状况

据调查，湖南省西瓜、甜瓜面积以永州市、邵阳市、岳阳市、衡阳市、怀化市 5 个市（州）种植面积最大，约占了全省西瓜、甜瓜种植面积的 60%，张家界地区种植面积相对较少。

根据品种类型，无籽西瓜主要分布在邵阳市的邵阳县、邵东市、新邵县、城步苗族自治县等地区；岳阳市的汨罗市、临湘市、岳阳县等地区；怀化市的麻阳县、辰溪县等地区；常德市的澧县、鼎城区、汉寿县、津市等地区；长沙市的长沙县、浏阳市等地区；娄底市的双峰县、新化县等地区；衡阳市的衡南县、祁东县等地区。有籽西瓜的中、小果型礼品西瓜主要分布在永州市冷水滩区、祁阳县、零陵区等地区；长沙市的长沙县、浏阳市等地区；怀化市中方县、麻阳县等地区；邵阳市的大祥区、邵阳县、邵东市等地区。早熟品种西瓜主要分布在邵阳市的邵阳县、新邵县、邵东县、大祥区等地区；永州市的祁阳县、冷水滩区等地区；岳阳市的岳阳楼区、汨罗市、岳阳县等地区；衡阳市的衡阳县、衡南县等地区；怀化市的麻阳县、芷江县等地区；常德市的汉寿县、西湖农场、津市等地区；郴州市的宜章县、桂阳县等地区。中晚熟品种主要分布在永州市的道县、祁阳县等地区；衡阳市的衡南县、祁东县等地区；邵阳市的邵东市、邵阳县等地区；岳阳市的汨罗市、临湘县等地区；益阳市的沅江市、南县等地区；怀化市的麻阳、中方县等地区；郴州市的桂阳县、永兴县等地区；常德市澧县、鼎城区等地区。甜瓜主要分布在衡阳市的衡南县、衡阳县等地区；怀化市的麻阳县、中方县等地区；岳阳市的华容县、汨罗市等地区；长沙市的长沙县、浏阳市等地区；邵阳市的大祥区、双清区、邵东市等地区；常德市的汉寿县、鼎城区等地区。

3. 西瓜、甜瓜育种状况

从历年 6 月底到 7 月初发生的连降雨天气来看，湖南省在西瓜、甜瓜育种方面，主要缺乏优质、抗病、耐湿的品种；在育种上应该加强耐湿、抗逆、抗病的新品种选育。当前湖南省西瓜、甜瓜主要品种结构：无籽西瓜品种主要以雪峰全新花皮无籽、雪峰花皮无籽、雪峰黑马王子、隆发 88 无籽、洞庭一号、洞庭三号、雪峰蜜黄无籽、乌金无籽等为主；有籽西瓜中，小果型西瓜品种主要以红小玉、黄小玉、雪峰小玉 5 号、雪峰黑美人、小玉 9 号、小玉 8 号、蜜世界等为主；早熟品种主要以 8424、雪峰早蜜、丰乐 5 号、红大、金鑫、地雷王、雪峰黑媚娘、极品京欣等为主；中晚熟品种主要以西农 9 号、雪龙 1 号、东方红 306、黑凤、西农 8 号、丰乐 9 号、蜜桂、雪峰大宝等为主；薄皮甜瓜品种主要以日本甜宝、新甜瓜、青玉、八方甜瓜、青辉、白玉等为主；厚皮甜瓜品种主要以雪峰蜜 2 号、雪橙、翠蜜 4 号、翠蜜 5 号、北海 1 号、丰甜 3 号、雪峰蜜 5 号为主。品种基本上实现了大、中、小，早、中、晚配套；果形、皮色、瓤色各异，基本上全年都有西瓜生产，5 月至 11 月都有本地西瓜供应上市。

4. 西瓜、甜瓜栽培与土肥情况

湖南省内地形地貌比较复杂，主要以丘陵为主，以邵阳、衡阳、怀化、湘西自治州等为代表，而以常德、益阳、岳阳等为代表的湘北地区，既拥有丘陵地貌的基本地形特征，又具有北方平原地区的地貌轮廓。土壤结构有黏土、沙壤土等类型，偏酸性，肥力水平一般。以邵阳、衡阳、怀化、湘西自治州等为代表的丘陵地区黏土类型，比较适合礼品小西瓜的种植，西瓜品质相对较好；以常德、益阳、岳阳等为代表的湘北地区，大果型西瓜种植相对较多，容易进行规模化种植。在西瓜、甜瓜栽培上，正逐步由露地栽培向保护地栽培转变，由以家庭为单位的精耕细作式的小面积栽培向种植专业户大规模的简约化栽培转变，由单季栽培向大棚长季节栽培转变，由西瓜/甜瓜单一作物栽培向“西瓜/甜瓜＋油茶”“西瓜/甜瓜＋柑橘”“西瓜/甜瓜＋玉米”等与多种作物间作、套作栽培转变。值得注意的是，当今的气候特点越来越复杂多变，自然灾害频发，露地西瓜种植面积逐年下降，瓜农种植西瓜、甜瓜的积极性频繁受挫，靠天吃饭，承担最大风险。虽然农业科技工作者研究了一系列西瓜、甜瓜栽培新技术：大棚保护地长季节栽培、简约化栽培、嫁接栽培等，但与多变的气候条件相比，技术还有待更新。新技术如何快速应用到实际生产中去，仍需政府、科研工作者加大引导、培训。进一步提高西瓜、甜瓜栽培技术服务水平，让广大瓜农运用新的栽培技术真正实现节本增收，绿色环保生产，提高瓜农种植效益。

5. 西瓜、甜瓜病虫草害防控情况

湖南省内空气湿度大，每年的春夏季节雨水集中，西瓜、甜瓜生长前期易遇连续低温阴雨寡照天气，露地西瓜受气候条件影响大，西瓜、甜瓜栽培相对病虫害多。春季露地西瓜风险大，靠天吃饭。随着西瓜产业的不断发展，老瓜产区和保护地西瓜轮作倒茬困难，连作种植不可避免，导致西瓜枯萎病发生严重，使西瓜轻则减产，重则绝收。采用嫁接栽培是目前最好的解决办法，已经被广大农户采用，但目前湖南大型的嫁接育苗企业很少，西瓜的嫁接苗栽培面积不到西瓜栽培总面积的10%，西瓜嫁接苗缺口很大。

近几年来，在全省农业科技工作者的广泛宣传与实地指导下，及时地将西瓜、甜瓜产业的新成果、新技术向广大西瓜、甜瓜种植户进行推广、示范，栽培模式得到逐步转变，大棚等保护地栽培面积逐年扩大，抵御不良恶劣天气的能力得到提高。病虫害防治技术得到普遍提高；其次，由于近年来广大农村闲置地较多，杂草丛生，杂草蔓延给西瓜、甜瓜种植带来的危害越来越大。防治杂草，主要靠地膜覆盖与喷施除草剂。地膜覆盖后的地膜残留容易造成污染，而除草剂的广泛应用，虽然降低了生产成本，但严重破坏了土壤结构，造成土壤板结，增加了产品安全风险。

6. 西瓜、甜瓜机械化生产情况

湖南省内种植西瓜、甜瓜，由于特殊的地形地貌限制，开展西瓜、甜瓜机械化生产相对较难。当前在西瓜、甜瓜机械化生产上仅限于耕地翻土、开沟等少数生产环节上。今年邵阳综合试验站有针对性地向一些种植专业户推广小型播种机、电动喷雾设备等，得到了用户的一致认可。要想在湖南省内大面积推广西瓜、甜瓜机械化生产，需要有关科研机构针对本省的特殊地形和耕种情况，专门研发西瓜、甜瓜生产环节中所使用的各种机械设备，以降低瓜农生产成本，提高瓜农生产积极性。

7. 西瓜、甜瓜加工与物流状况

湖南省种植西瓜、甜瓜面积虽然较大，但专门针对西瓜、甜瓜产品进行的加工等环节几乎为零。瓜农种植的西瓜、甜瓜除大棚等保护地栽培的可以实现长季节上市供应外，大面积的露地西瓜、甜瓜基本上集中在 7 月上市，造成西瓜供过于求，瓜贱伤农，严重影响瓜农种瓜积极性。虽有部分瓜贩收购并通过物流发往外地，但尚未形成规模，瓜农仍以本地市场销售为主，没有价格优势，效益得不到扩大。

8. 西瓜、甜瓜品质与品牌状况

湖南省内种植的西瓜、甜瓜，品质较好，特别是大棚长季节栽培的西瓜、甜瓜，由于品质好，在邵阳等地区的消费者心中，已形成了自有的西瓜品牌“大棚瓜”，其市场价格也比一般的西瓜要高出 50%~100%。

9. 生产经营组织等状况

由于生产成本的逐年攀升，小户小面积种植西瓜、甜瓜的农户逐渐减少。随着国家政策越来越扶植种植上规模的组织，以种植西瓜、甜瓜为产业的种植大户、专业合作社，销售西瓜、甜瓜为产业的销售公司等组织越来越多，西瓜、甜瓜种植与销售正逐步向规模化、专业化转变。

10. 西瓜、甜瓜销售情况

湖南省西瓜、甜瓜产业在产品销售环节上，当前主要的模式还是在 7 月集中上市销售，在邵阳、怀化等丘陵地区，又主要以瓜农自产自销为主，产品主要送往当地水果批发市场、上街道集中挂牌定点销售、超市上架销售等多种模式。在常德、益阳等相对平整的地区，主要通过瓜贩上地收购为主，种植户自己销售为辅。

11. 西瓜、甜瓜市场价格

近 3 年来，每年西瓜、甜瓜价格 6 月底以前最高，7 月最低，8~10 月价格又上升。11 月至翌年 4 月多为外地西瓜、甜瓜。农户自销的价格每千克要高出其他销售渠道销售的 0.3~0.5 元。不同类型、不同上市时间的西瓜、甜瓜价格差别较大（表 1–5）。

表 1–5　湖南省西瓜、甜瓜市场价格调查表

类别	上市时间	市场价格（元 / 千克）	备注
礼品西瓜	5~6 月	3.2~4	历年西瓜、甜瓜价格 6 月底以前最高，7 月最低，8~10 月价格又上升。11 月至翌年 4 月多为外地西瓜、甜瓜。
早熟有籽西瓜	6~7 月	2.4~3	
长季大棚西瓜	5~11 月	3~4	
无籽西瓜	7~8 月	2.6~3.2	
薄皮甜瓜	5~10 月	3~4	
厚皮甜瓜	7~10 月	6~8	

注：数据调查来源于 2017 年湖南省西瓜、甜瓜市场。

第四节　西瓜、甜瓜发展前景与趋势

一、西瓜、甜瓜产业未来发展思路和方向

受历年或大或小的强降雨引发的洪涝灾害天气的影响，湖南省露地栽培西瓜、甜瓜的种植面积将逐年减少，应该逐步示范与推广西瓜、甜瓜保护地栽培技术和种植模式，保证西瓜、甜瓜生产的品质与产量。同时，由于西瓜、甜瓜种植时间短、见效快、收入高，单位面积效益远高于其他作物，且随着我国改革深入与土地流转政策的落实，湖南省 6~7 hm^2 的西瓜、甜瓜种植专业户不断增多，大的种植专业户接近 70 hm^2，且这样的大户专业性强，种植技术较高，经济收入较高，他们对新品种、新技术的需求迫切，对西瓜、甜瓜生产的影响力和带动作用较大。应该加强对西瓜、甜瓜种植专业户的技术引导，及时将最新成果与先进技术传授给这些专业户，通过示范，充分发挥科技引领作用，使得新成果与新技术能够以最快的速度在广大西瓜、甜瓜种植业上得到最大的普及，造福于民。

随着西瓜、甜瓜生产的发展，特别是保护地西瓜面积的不断扩大，连作障碍近年来日益突显，严重阻碍了西瓜、甜瓜产业的发展，它可导致西瓜、甜瓜轻则减产，重则绝收，严重影响了瓜农的种瓜积极性，嫁接栽培是目前最好的解决办法，已经被广大农户采用，种植效益高且稳定，种植面积发展迅速。应该加强嫁接西瓜栽培技术的推广与示范。

随着生产成本的逐年攀升，应该在广大西瓜、甜瓜生产区域广泛推广西瓜、甜瓜简约化栽培技术，西瓜、甜瓜与其他农作物间套作栽培技术，肥水一体化栽培技术，病虫草害绿色防控生产技术，标准化、规模化栽培技术等一系列先进的西瓜、甜瓜栽培技术，最大限度地减少生产成本，减少劳动力投入，减轻劳动强度，增加西瓜、甜瓜种植效益。

相比西瓜而言，甜瓜植株的效益更高，特别是厚皮甜瓜的保护地栽培，由于果实采摘实现了 9~10 成熟的采摘标准，果实糖分积累充分，果实品质超过了新疆、海南等地异地种植的厚皮甜瓜，这些异地种植的甜瓜在果实糖

分积累未充分时的6~7成熟时就提前采摘并经长途运输到湖南省，其果实品质大不如本省本地生产的厚皮甜瓜。随着厚皮甜瓜通过种植技术的推广，未来湖南省厚皮甜瓜保护地栽培面积将逐年扩大。

二、遗传育种方面的趋势

湖南省特定的地理区域位置决定了本省的气候特征为湿度大、前期低温寡照连阴雨天气多发，6~7月雨水集中且多，后期干旱少雨。西瓜、甜瓜育种方面，首先，应加强对抗病、耐湿、广适的西瓜、甜瓜品种的选育。其次，加强对适于简约化栽培的西瓜、甜瓜新品种的选育，减少种植户的劳动力投入，减轻劳动强度，降低生产成本。

三、栽培与土肥方面的趋势

随着生产资料和劳动力价格的逐步上涨，家庭式小面积种植模式逐步减退，西瓜、甜瓜种植专业户和种植专业合作社的数量逐年稳步增加。在西瓜、甜瓜栽培上，更倾向于采取肥水一体化、稀植免整枝等简约化栽培模式，以达到节本提质增效的目的。

四、病虫草害防控方面的趋势

随着西瓜、甜瓜种植专业户不断增多和消费者对绿色健康西瓜、甜瓜产品需求的提高，种植专业户将会想方设法降低生产成本，采取一系列行之有效的技术与方法来预防种植地病虫害的发生，采取低成本、绿色防控技术来控制病虫害。西瓜、甜瓜节本提质栽培技术和病虫草害绿色防控技术等先进技术将会得到更进一步的推广与应用。

五、采后处理与综合利用方面的趋势

由于西瓜、甜瓜产品储藏期短、不耐长途运输，产品一经上市必须以最快的速度销售完毕，否则价格就失去优势或失去产品价值。未来西瓜、甜瓜产业的发展，应加强西瓜、甜瓜采后处理加工与综合利用方面的研究，在保证西瓜、甜瓜产品品质不下降的前提下最大限度延长产品储藏时间，通过一定的技术加工处理，增加西瓜、甜瓜产品附加值。

六、机械化生产方面的趋势

湖南省内地形多丘陵地貌，大规模的机械化生产难以实现，但随着生产成本不断上升，应该充分利用本地一定范围内的地理条件，有选择性地利用一些小型机械来进行生产。比如：小型播种机、小型机械化喷药机、小型铺膜机等。从而降低生产成本，提高西瓜、甜瓜生产效益，以实现西瓜、甜瓜生产局部范围和特定生产环节的机械化生产，这是今后湖南省西瓜、甜瓜实现机械化生产的总体趋势。

第二章 西瓜、甜瓜对环境条件的要求和需肥特点

第一节 西瓜对环境条件的要求

一、温度

西瓜属喜温耐热植物，对温度的要求较高。种子发芽最适温度为25~30℃，西瓜生长的最适温度范围为20~32℃，西瓜植株在25~30℃环境下，同化作用最强，生长也最快。西瓜全生育期所需大于15℃的活动积温量为2500~3000℃以上。积温不足时，易出现果实变小、畸形、空心、含糖量低等。西瓜不耐寒，环境温度低于10℃时，植株接近停止生长，环境温度在5℃以下时，植株就将面临死亡。

二、光照

西瓜属于典型的喜光植物。西瓜正常生长要求每天日照时数为10~12 h。光照充足，植株健壮，花芽分化好，坐果率高，品质好。西瓜结果期的光饱和点大于10万lx，光合作用的补偿点为4000 lx。在每天12 h的光照条件下形成的雌花最多，植株生长势强，株形紧凑、茎秆粗壮、叶片厚实、颜色深；每天低于8 h的光照时间，虽能正常开花，但因为植株光合作用不充分，光合作用产物的形成受阻，对整个植株的生长发育不利，表现节间长，叶片狭长、薄而色淡，易疯长，易发病，影响养分的积累和果实的生长，产量和品质受影响。

三、水分

西瓜由于根系发达，耐旱怕涝。同时，由于西瓜叶片蒸腾作用强，果实膨大需要大量水分，西瓜又是一种喜水植物。据试验测定，西瓜单株全生育期耗水量约 1 t。但西瓜根系不耐涝，土壤含水量过高时，会造成根系缺氧死亡。苗期适宜土壤含水量为田间持水量的 65%，结果期的土壤含水量最高不宜大于田间持水量的 80%。

西瓜耗水量较大，但要求空气干燥。对土壤湿度的要求是苗期较低、伸蔓期稍高，而以果实膨大期需水量最大，若此期水分不足时，会影响产量和品质。西瓜根系需较多的土壤空气氧含量，不耐涝，水多时会降低根系活力，造成烂根。如果瓜地受淹，西瓜易因根部缺氧而窒息死亡。

西瓜的灌溉应根据气候、土壤条件和植株生长状况综合考虑。土质疏松、保水力弱的沙土地，可少量多次灌溉，保证需要。保水力强的黏土地，要增加水量、减少次数。一般根据中午前后温度高、日照强时观察，苗期植株先端幼叶向内并拢，叶色加深为缺水，幼叶向下反卷或瓜蔓先端上翘为正常，叶缘变黄为浇水过量。成株后可重点观察叶片，叶片的萎蔫程度反映了植株的缺水程度。在采收前半个月左右和大雨前后的 3~5 d 应停止灌溉，以免影响西瓜品质和积水伤根。

四、土壤条件

西瓜对土壤的适应性较广，在沙土、黏土、南方红壤土、海涂围垦田、山坡生荒地等土壤中都能生长结果。生产优质西瓜的土壤为土层深厚、排水好、地力肥的沙壤土。

西瓜土壤酸碱性适宜范围为 pH 值 5~8，在中性土壤生长表现好。南方酸性土若 pH 值小于 4 时，往往会造成枯萎病发生严重。

西瓜在土壤中含盐量小于 0.2% 时能正常生长。如土壤含盐量大于

0.2%，会使植株脱水影响正常生长甚至死亡。因此在土壤中含盐量较高的地块不适宜种植西瓜，但在轻度盐碱地栽培西瓜，由于植株的水分吸收受限等原因，能增加果实含糖量。但果实含盐量也有增加，应避免采收成熟度低的果实。

第二节　甜瓜对环境条件的要求

一、温度

甜瓜是喜温耐热的作物之一，极不耐寒，遇霜即死。其生长适宜的温度，白天为26~32℃，夜间为15~20℃。甜瓜对低温反应敏感，白天18℃，夜间13℃以下时，植株发育迟缓，其生长的最低温度为15℃。10℃以下停止生长，并发生生育障害，即生长发育异常，7℃以下时发生亚急性生理伤害，5℃、8小时以上便可发生急性生理伤害。甜瓜对高温的适应性非常强，30~35℃的范围仍能正常生长结果。甜瓜全生育期的有效积温为早熟品种1500~2200℃，中熟品种2200~2500℃，晚熟品种2500℃以上。

二、光照

甜瓜是喜光性作物，生育期内在光照充足的条件下才能生育良好。光照不足，植株生长发育受到抑制，果实产量低、品质低劣。甜瓜的光饱合点为5.5万~6.0万lx，光补偿点一般在4000 lx，光合强度17~20 mg/(cm^2·h)。光照不足时，幼苗易徒长，叶色发黄，生长不良；开花结果期光照不足，植株表现为营养不足、花小、子房小、易落花落果；结果期光照不足，则不利于果实膨大，且会导致果实着色不良，香气不足，含糖量下降等。

甜瓜正常生长发育需10~12 h的日照，日照长短对甜瓜的生育影响很大。据试验，在每天10 h的日照条件下，花芽分化提前，结实花节位低，数量多，开花早。每天日照时数少于8 h，无论其他条件如何优越，植株均表现结实花节位高，开花延迟，数量减少。

三、水分

甜瓜根系发达，具有较强的吸水能力；甜瓜生长快，生长量大，茎叶繁茂，蒸腾作用强，整个生育期需要消耗大量水分。据测定，一棵三片真叶的甜瓜幼苗，每天耗水 170 g；开花坐果期每株甜瓜每昼夜耗水达 250 g。甜瓜的不同生育期对土壤水分的要求不尽相同，幼苗期应维持土壤最大持水量的 65%，伸蔓期为 70%，果实膨大期为 80%，结果后期为 55%~60%。

四、气体

由于甜瓜大部分在大棚等保护地内种植，由于保护地内植株密集，单位空间的叶片数很多，随着光合作用的加强，保护地中二氧化碳浓度很快下降到补偿点以下，导致光合作用下降。因此，采取增加二氧化碳浓度的措施，能显著地提高果实产量和改善品质。

五、土壤条件

甜瓜对土壤条件的要求不严，沙壤土、沙土、黏土均可种植，但以疏松肥沃、通气良好的沙壤土条件下生长最好。沙壤土早春地温回升快，有利于甜瓜幼苗生长，果实成熟早，品质好。但沙壤土保水、保肥能力差，有机质含量少，肥力差，植株生育后期容易早衰，影响果实的品质和产量。黏性土壤一般肥力好，保水、保肥能力强，在黏性土壤上栽培甜瓜，生长后期长势稳定。沙质土壤种植甜瓜，在生长发育的中后期要加强肥水管理，增施有机肥，改善土壤的保水、保肥能力。

甜瓜对土壤酸碱度的要求不甚严格，以 pH 值 6.0~6.8 为最好。在酸性土壤中种植甜瓜，因影响钙的吸收，叶片表现发黄。

甜瓜具有较强的耐盐能力，土壤中的总盐量超过 0.114% 时仍能正常生长，可利用这一特性在轻度盐碱地上种植甜瓜，甜瓜生长不受影响，同时可通过耕种达到改良土壤的目的。

第三节　西瓜需肥特点

西瓜的茎叶繁茂，生长速度快，瓜果大，产量高，需要肥料较多，而且要求土壤养分全面，如果营养不足或养分比例不当，则会严重影响产量和品质。西瓜吸收的主要营养元素为氮、磷、钾和钙、镁及多种微量元素。氮能促进植株正常生长发育，叶片葱绿，瓜蔓健壮。氮肥供应不足时影响瓜的膨大，用量过多会延迟西瓜开花和影响西瓜品质。西瓜喜吸收硝态氮肥，土壤中铵态氮过量会影响对钙、镁的吸收，易发生生理障碍。磷能促进碳水化合物的运输，有利于果实糖分的积累，改善果实的风味，同时对根系生长、种子发育和果实成熟有促进作用。缺磷时西瓜根系发育不良，开花延迟，容易落花落果，降低品质。钾能促进茎蔓生长健壮和提高茎蔓的韧性，增强抗寒、抗病及防风的能力。缺钾会使西瓜抗逆性降低，特别是在膨瓜期，缺钾会引起疏导组织衰弱，养分合成和运输受阻。钙参与植株体内糖和氮的代谢，中和植物体内产生的酸，参与磷酸和糖的运输，促进对磷的吸收，对蛋白质的代谢起重要作用，也能促进营养物质从功能叶片向幼嫩组织输送。

西瓜生产整个生育期经历了发芽期、幼苗期、伸蔓期、开花期和结瓜期。西瓜不同生育期对肥料的吸收量差异较大。西瓜不同生育时期对氮、磷、钾的吸收特点是：氮的吸收较早，至伸蔓期增加迅速，结瓜期达到吸收高峰；钾的吸收前期较少，在结瓜期急剧上升，与改善西瓜品质密切相关；磷的吸收初期较高，高峰出现较早，在伸蔓期趋于平稳，结瓜期吸收明显降低。幼苗期的氮、磷、钾吸收量占全生育期吸收总量的 0.18%~0.25%，伸蔓期的氮、磷、钾吸收量占全生育期吸收总量的 20%~30%，结瓜期的氮、磷、钾吸收量占全生育期吸收总量的 70%~80%。坐果后则以钾的吸收量最大，显示出西瓜作为高钾作物的特点。结瓜期及时充足的营养供应是西瓜生产高产的有力保障。

西瓜对氮、磷、钾三要素的吸收，基本上与植株的干物质重量增长平衡。植株对氮、磷、钾的需求比例以钾最多，磷最少、氮居中。据试验，每生产 1000 kg 西瓜果实，需纯氮 2.5~3.2 kg、纯磷 0.8~1.2 kg、纯钾 2.9~3.6 kg，一株西瓜全生育期吸收氮、磷、钾的吸收比例为 3∶1∶4。亩产 2500 kg 西瓜果实，果实与枝叶的重量比为 4∶1，生物学总产量为 3125 kg。一般中等地力土壤需施用氮 11.5 kg，五氧化二磷 8.5 kg，硫酸钾 10 kg 才能满足西瓜的营养需要。

西瓜植株不同器官中氮、磷、钾含量差异较大：叶片中含氮量相对多些，含钾量相对较少；茎中含钾量相对多些，含氮量相对较少；瓜皮中钾的含量最高；种籽则以氮、磷的含量为最高；而完整瓜则以钾的含量最高，其次是氮，磷最低。

西瓜生产还需要大量的有机肥和适量的微量元素。充足的有机肥作底肥，是西瓜高产的前提；适量适时摄入微量元素，可有利于提高果实品质，防止西瓜生长过程中因缺乏各种微量元素而表现出各种缺素症，影响植株生长和果实品质。同时，西瓜是忌氯作物，生产上不宜施用含氯化肥，施用含氯肥料会影响西瓜的品质。

第四节　甜瓜需肥特点

甜瓜的生育期较短，相对其他长季节作物而言，需肥总量较少。据试验，每生产 1000 kg 甜瓜，约需吸收纯氮 3.5 kg，纯磷 1.72 kg，纯钾 6.88 kg，按肥料利用率折算，实际施肥中三要素比例 1∶1∶1 为好，折合实际施肥量分别为 25 kg、12 kg、50 kg。与西瓜类似，甜瓜植株对氮、磷、钾的需求比例也以钾最多，磷最少，氮居中。同时甜瓜对有机肥与微量元素的需求也不可忽视，特别是有机肥的施入，可起到疏松土壤、保持植株生长后期不早衰、增加果实甜度、提高果实品质的作用。基肥主要施用含氮、磷、钾丰富的有机肥，如圈肥、饼肥等。

相比其他作物来说，甜瓜对微量元素需求量大。钙和硼不仅影响果实糖分含量，而且影响果实外观。钙不足时，果实表面网纹粗糙，泛白；缺硼时果肉易出现褐色斑点、甜瓜对矿物质元素的吸收不足，钙和硼的需求高峰一般在开花至果实停止膨大的一段时间内。值得注意的是，甜瓜为忌氯作物，生产上不宜施用氯化铵、氯化钾等肥料，也不能施用含氯农药，以免对植株造成伤害。

3 第三章 无籽西瓜栽培技术

第一节 无籽西瓜的特点

三倍体无籽西瓜是四倍体与二倍体的一个杂交种，是在多倍体水平上的杂交一代，它具有多倍体和杂种一代的双重优势。除与二倍体西瓜的一些生长发育规律基本相同外，三倍体西瓜在形态特征和生长发育、开花结果等生理特性上具有其本身的特点。

一、种子发芽率低，幼苗成苗率低，产种量低

三倍体种子的种皮厚而硬，尤其是种脐部位特别厚实，不易吸水，种胚发育不良，子叶多为畸形，贮藏营养物质少，催芽过程中胚根难以冲破种壳。幼苗出土时种壳多数不能自己脱壳，常带帽出土卡住子叶，致使种子成苗率低。种子发芽、出土和成苗较困难。三倍体无籽西瓜一般每亩产种子 3 kg 左右，造成生产成本偏高，现在通过在西北制种，三倍体无籽西瓜亩产子量可提高到 6~9 kg，解决了三倍体无籽西瓜产子量偏低的问题，但发芽率和成苗率仍然偏低，如果采用嫁接成苗率更低。

二、坐果率低

三倍体西瓜二叶期以前的幼苗生长较慢，分枝性弱，需要较高的温度等

优良环境条件。中后期生长旺盛，伸蔓后随着植株的生长，枝蔓生长明显加快，如果在雌花开花前不注意控制肥水，易导致植株营养生长过旺，茎蔓徒长，加之三倍体西瓜雌花、雄花高度不育，不能正常受精，自交不实，需要配植授粉株，在有天然激素刺激的情况下才能结果，结无籽果实，自然授粉成功率低，影响坐果。

三、抗逆性强

有明显的多倍体优势和杂种优势，后期生长旺盛，抗逆性强，增产潜力大。

四、果皮较厚，果实可溶性固形物含量高，品质优良，耐贮运性好

三倍体西瓜性状品质优良，但在环境条件不适宜、肥水管理不当的情况下，易出现畸形果，如三棱形果、空心果等。

第二节　无籽西瓜主要品种

一、大果型无籽西瓜品种

（一）大果型花皮红瓤类

1. 雪峰花皮无籽（湘西瓜 5 号）

由湖南省瓜类研究所选育。2002 年通过国家品种审定（国审菜 2002011）。

中熟品种，全生育期 95~100 d，果实发育期 35 d 左右。抗枯萎病、疫病，耐湿。果实高圆形，果形指数 1.06；果形端正，均匀。果皮淡绿底上均匀分布 17 条宽绿条纹。果皮厚度约 1.14 cm，皮薄且硬，耐贮运。瓤色桃红，肉质细嫩，味甜，无黄筋、硬块，无籽性好。平均单果重 5 kg。果实中心可溶性固形物含量 12% 左右。每亩产量 4000 kg 左右，高者超过 5000 kg。

适宜在湖南、贵州等南方生态区种植。

2. 雪峰蜜红无籽（湘西瓜 14 号）

由湖南省瓜类研究所选育。2000 年 3 月通过湖南省农作物品种审定委员会审定。2002 年通过国家品种审定（国审菜 2002028）。

中熟品种，全生育期 93~95 d，果实成熟期 33~34 d。抗逆性强。果实圆球形，果形指数 1.0，果形端正，均匀。果皮浅绿底覆深绿色虎纹状条带，果皮厚度 1.2 cm。果肉鲜红一致，不易空心。果实中心可溶性固形物含量 12% 左右，口感风味佳。单瓜重 5 kg 左右，每亩产量 4000 kg 左右，高者可达 5000 kg 以上。适宜在湖南、湖北、重庆等南方生态区种植。

3. 雪峰新 1 号

由湖南省瓜类研究所选育，分别通过湖南省和广西自治区农作物品种审定委员会审定。

中熟品种，全生育期 96 d 左右，果实成熟期 34 d 左右。植株生长势强，耐病、抗逆性强。易坐果。果实高球形，果形指数 1.06。果皮绿底覆墨绿条带，坐果整齐度高。果肉鲜红，无籽性好。果实汁多味甜，口感风味佳，耐贮运。果实中心可溶性固形物含量 12% 左右，中边糖梯度小。单果重 5~6 kg。每亩产量 3500 kg 左右，高者 5000 kg 以上。适宜在湖南、湖北、重庆等南方生态区种植。

4. 雪峰全新花皮无籽

由湖南省瓜类研究所选育。通过湖南省农作物品种审定委员会审定。

中熟品种，全生育期 100 d 左右，果实成熟期 35 d 左右。该品种是雪峰花皮无籽的改良三交种品种，四倍体母本为主要特性相近的两个四倍体杂交一代组合，配制的三倍体无籽西瓜果皮色为浅绿或绿底覆齿状深绿宽条带，出现比例大致为 1∶3。产量较雪峰花皮无籽更高。植株生长势强，耐病、抗逆性强、易坐果。果实圆球形，果形指数 1.01。皮厚 1.2 cm 左右，耐贮运。果肉鲜红，口感风味极佳，无籽性好。果实中心可溶性固形物含量 12% 左右，中边糖梯度小。单果重 6~7 kg，每亩产量 4000~4500 kg，高者 5000 kg

以上。适宜在湖南、贵州等南方生态区栽培。

5. 洞庭 2 号

由湖南省岳阳市农业科学研究所选育。通过湖南省农作物品种审定委员会审定。

中熟品种，全生育期 95 d 左右，果实发育期 35 d 左右。植株生长势较强，耐湿。果实高圆形，果皮浅绿色覆有宽条带。果肉桃红，脆而多汁。单瓜重 5 kg，每亩产量 4000 kg 左右。适宜在湖南等南方生态区栽培。

6. 郑抗无籽 1 号（原名“花皮无籽 2 号”）

由中国农业科学院郑州果树研究所选育。2002 年通过国家品种审定（国审菜 2002032）。

中晚熟品种，全生育期 104~110 d，果实发育期约 39 d。植株生长势强，抗病耐湿，耐贮运性好。果形短椭圆形，浅绿色果皮上显数条深绿色条带，果皮厚 1.2~1.3 cm，果肉红色，脆肉，果实中心可溶性固形物含量 11% 以上，近皮部超过 8%，白秕籽小而少，不易空心，不易倒瓤。平均单果重 6 kg。每亩产量 4000 kg 左右，高产者超过 5000 kg。

7. 郑抗无籽 3 号西瓜（原名“花皮无籽 3 号”）

由中国农业科学院郑州果树研究所选育。2002 年通过国家品种审定（国审菜 2002053）。

中早熟品种，全生育期 95~100 d，果实发育期 30 d 左右。一株多果和多次结果习性强，果实圆球形，浅绿色果皮上显数条墨绿色齿状花条，外形美观。果皮硬而薄，硬度大于 20 kg/cm^2，厚度为 1.2 cm，果肉大红、质脆，果实中心可溶性固形物含量 11.5% 以上，近皮部超过 8.5%。白秕籽小，一般不产生着色秕籽，不空心、不倒瓤。平均单果重 5 kg 左右，每亩产量 3500~4000 kg，高产者超过 4500 kg。适宜在河南、河北、山东、黑龙江、安徽等省及相同生态区栽培。

8. 丰乐无籽 1 号

由安徽合肥丰乐种业股份有限公司选育。2002 年通过国家品种审定（国审菜 2002020）。

中熟品种。春播全生育期在 100 d 左右，果实发育期在 33~35 d。果实圆形，果皮绿色底覆墨绿齿条，果面光滑，果皮厚度 1.3 cm，瓤色红，瓤质脆，纤维少，白秕籽小且少，无着色籽。果实中心可溶性固形物含量在 12% 左右，边部 8%，口感风味好。果实整齐度好，商品率高，畸形果少，果皮硬度强，耐贮运。在低温阴雨条件下结果性好，平均单果重 6~8 kg。每亩产量 3000 kg 左右。适宜在新疆、甘肃、吉林、河南、湖南、湖北等省（自治区）栽培。

9. 丰乐无籽 2 号

由安徽合肥丰乐种业股份有限公司选育。2002 年通过国家品种审定（国审菜 2002016）。

中熟品种。全生育期春播 105 d 左右，果实发育期 33 d 左右。果实圆形，果皮浅绿色底上覆墨绿齿条，果面光滑。果皮厚度 1.2 cm，剖面色泽一致，无着色籽，白秕籽小且少，白筋、黄块少。瓤色红，瓤质脆，纤维较少。果实中心可溶性固形物含量在 11.5% 左右，边部 7.8%，口感风味好。果实整齐度好，商品率高。果皮硬度强，耐贮运。坐果性好，在低温阴雨条件下易坐果。平均单果重 6~8 kg，每亩产量 3000 kg 左右。适宜在新疆、甘肃、河北、河南、湖南、湖北、福建等省（自治区）栽培。

10. 广西 3 号

由广西壮族自治区农业科学院园艺研究所选育。2000 年通过贵州省农作物品种审定委员会审定，2002 年通过广西壮族自治区农作物品种审定委员会审定。2004 年获广西科技进步一等奖，2005 年与广西 5 号共同获国家科技进步二等奖。

早熟品种，全生育期春播 90~100 d，秋播 70 d。果实发育期 30 d。植株长势旺，抗病耐湿，较耐低温弱光。果实高圆形，果形指数 1.1。果皮绿底有清晰的深绿色宽条带。外形美观。果肉深红色，肉质细密爽脆，果实中心可溶性固形物含量在 12% 左右。白秕籽小、少，无着色秕籽。果实品质好。果皮坚韧，皮厚 1.2 cm，耐贮运。单瓜重 6~8 kg。每亩产量 3500~4000 kg。适宜南方春季早熟种植。

11. 花蜜

由北京市农业技术推广站选育。1999 年通过北京市农作物品种审定委员会审定。

中熟品种，全生育期 100 d 左右，果实发育期 30~35 d。果实高圆形，果皮绿底覆深绿色宽条带。果肉红色，肉质细脆，果实中心可溶性固形物含量在 12% 左右，近皮部 8% 以上。单瓜重 5~7 kg。每亩产量 3000 kg 左右。

12. 鄂西瓜 11 号

由湖北省荆州市农业科学院选育。2005 年通过湖北省农作物品种审定委员会审定。

中熟品种，全生育期 99 d，果实发育期 35 d。植株生长势较强，耐湿性较强，耐旱性中等，果实圆球形，果皮底色翠绿偏深，覆多条深绿色细条纹。红瓤，无空心，白秕籽少，果实中心可溶性固形物含量 11.4%，边部 8.5%，品质优。耐贮运。单瓜重 5~7 kg。每亩平均产量 2300 kg。适于湖北省种植。

13. 津蜜 1 号

由天津市蔬菜研究所选育。2000 年通过天津市农作物品种审定委员会审定。

中熟品种。易坐果，抗病性强。果实圆球形，绿底覆有宽条带花纹。红瓤，质细，果实中心可溶性固形物含量在 12% 以上。白色秕籽少。单瓜重 7 kg。每亩产量 4000 kg 以上。

14. 津蜜 4 号

由天津科润蔬菜研究所选育。2004 年通过天津市农作物品种审定委员会审定。

中早熟品种。易坐果，抗病性强。全生育期 112 d，果实发育期 32 d。果实圆球形，绿底覆有宽条带花纹。红瓤，质细，果实中心可溶性固形物含量在 12% 以上。白色秕籽少。单瓜重 7 kg。每亩产量 4000 kg 以上。

15. 农友新 1 号

由台湾农友种苗公司选育。通过海南省农作物品种审定委员会审定。

中晚熟品种。生长势较旺，结果力较强，较耐枯萎病与蔓枯病，容易栽培，产量较高。果实圆球形，暗绿色果皮上覆有青黑暗条带。红瓤，肉质细，果实中心可溶性固形物含量在 11% 左右。皮韧耐贮运。单瓜重 6~10 kg。每亩产量 3000 kg 以上。

16. 新优 39 号

由新疆石河子市蔬菜研究所选育。2007 年 2 月通过新疆维吾尔自治区农作物品种审定委员会审定。

中熟品种。全生育期 90 d 左右，果实发育期约 33 d。果实圆形，果皮绿底覆深绿色条带。果皮厚约 1.0 cm。瓤色鲜红，质脆多汁。口感风味好，中心可溶性固形物含量 11.4% 左右，白色秕籽小而少。平均单果重 4 kg，每亩产量 3500 kg 左右。

（二）大果型黑皮红瓤类

1. 黑蜜 2 号

由中国农业科学院郑州果树研究所选育。1996 年通过北京市农作物品种审定委员会审定。

中晚熟品种，全生育期 112 d，果实发育期 34~38 d。抗病性强，适应性广。果实圆球形，果形端正，均匀。果皮墨绿底显暗条带。皮厚 1.3~1.4 cm。瓤色粉红，肉质爽脆。果实中心可溶性固形物含量 11% 左右。平均单果重 5~6 kg。每亩产量 4000 kg 左右，高产者达 5000 kg 以上。

2. 黑蜜 5 号

由中国农业科学院郑州果树研究所选育。2000 年通过国家品种审定（国审菜 20000001）。

中晚熟品种，全生育期 100~110 d，果实发育期 33~36 d。植株生长势中等，抗逆性强。果实圆球形，墨绿底覆暗宽条带，果实圆整度好，很少出现畸形果。果皮厚度在 1.2 cm 以下。果肉大红，剖面均匀，纤维少，汁多味甜，质脆爽口。果实中心可溶性固形物含量 11 % 左右，最高可达 13.6%。无籽性好，白色秕籽少而小，无着色籽 。平均单瓜重 6.6 kg，最大可达 12 kg 以上，每亩产量 4000~5000 kg，高者可达 6000 kg 以上。适于华北、西北和长江中下游等生态区种植。

3. 蜜枚无籽 1 号

由中国农业科学院郑州果树研究所选育。1996 年通过河南省农作物品种审定委员会审定。1996 年获国家科技进步三等奖。

中晚熟品种，全生育期 110 d，果实发育期 33~35 d。生长势强，抗病、耐湿，易坐果。果实高圆形，果皮近黑色，光滑美观。皮厚 1.1 cm。果肉鲜红，果实中心可溶性固形物含量 11% 以上，质脆，不易空心，白秕籽小。平均单果重 6 kg 以上，每亩产量 4000 kg 以上。栽培适应性广。

4. 郑抗无籽 2 号（原名“蜜枚无籽 2 号”）

由中国农业科学院郑州果树研究所选育。2002 年通过国家品种审定委员会的审定（国审菜 2002052）。

中晚熟品种，全生育期 110 d，果实发育期 36~40 d。植株生长旺盛，抗病、耐湿、耐贮运性强。果实短椭圆形，近黑色果皮上显暗条带。果皮硬度大于 20 kg/cm^2，厚 1.2 cm。果肉红色、质脆，果实中心可溶性固形物含量 11%~12%。不空心，不倒瓤，白秕籽小，一般不产生着色秕籽。平均单果重 6.5 kg，每亩产量 4500 kg 左右，高产者达 5000 kg 以上。适宜在河南、河北、陕西、山东、黑龙江、安徽等省及相同生态区栽培。

5. 郑抗无籽 5 号

由中国农业科学院郑州果树研究所选育，2005 年通过国家品种鉴定委员会鉴定。2007 年获中国农业科学院科技进步二等奖。

中晚熟品种，全生育期 105~109 d，果实发育期 36~39 d。生长势较强，抗病耐湿，易坐果。果实圆球形，黑皮覆蜡粉，外形美观，瓤色鲜红，果实中心可溶性固形物含量 12% 左右，硬脆，白秕籽小、少。皮厚 1.3 cm 左右，皮硬，耐贮运。平均单果重 6~8 kg，普通栽培每亩产量 4500 kg 以上。栽培适应性广。

6. 雪峰无籽 304

由湖南省瓜类研究所选育。2001 年通过湖南省农作物品种审定委员会审定。

中熟品种，全生育期约 95 d，果实发育期 35 d。植株生长势较强，耐湿抗病，易坐果。果实圆球形，墨绿底覆有暗条纹。红瓤，瓤质清爽，无籽性能好。皮厚 1.2 cm，果实中心可溶性固形物含量在 12% 以上。单瓜重 7 kg，每亩产量 4000 kg 左右。20 世纪 70 年代至 80 年代中期为湖南省外贸出口的主栽品种。

7. 雪峰蜜都无籽（湘西瓜 12 号）

由湖南省瓜类研究所选育。分别通过湖南省和江西省农作物品种审定委员会审定，2006 年通过国家品种鉴定委员会的鉴定。

早中熟品种，全生育期 90 d 左右，果实发育期 30 d 左右。植株生长势和分枝力强，耐病、抗逆性强。易坐果。果实圆球形，果形指数 1.04，果皮墨绿有隐虎纹状条带，蜡粉中等。果肉鲜红，口感风味好，无籽性好。皮厚 1.0 cm，果皮硬韧，耐贮运。果实中心可溶性固形物含量 12% 左右，中边糖梯度小。单果重 5~6 kg。每亩产量 3500~4000 kg。栽培适应性广。

8. 雪峰大玉无籽 5 号

由湖南省瓜类研究所选育。通过湖南省农作物品种审定委员会审定。

中熟品种，全生育期 95~100 d，果实成熟期 33 d 左右。植株生长势强，耐病、抗逆性强。果实圆球形，果形指数 1.0，果皮深绿色。果肉鲜红，无籽性好，果实汁多味甜，口感风味佳。皮厚约 1.2 cm，耐贮运。果实中心可溶性固形物含量 12% 左右，中边糖梯度小。单果重 6 kg 左右，每亩产量 3800~4200 kg。栽培适应性广。

9. 雪峰黑马王子无籽

由湖南省瓜类研究所选育。通过湖南、湖北省农作物品种审定委员会审定。

中晚熟品种，全生育期105 d左右，果实成熟期36 d左右。植株生长势强，耐病、抗逆性强，坐果性好。果实圆球形，果形指数1.03，果皮墨绿底覆蜡粉。果肉鲜红，无籽性好。果实汁多味甜，口感风味佳。皮厚1.2 cm左右，耐贮运。果实中心可溶性固形物含量12%~13%，中边糖梯度小。单果重6~7 kg。每亩产量4000~4500 kg，高者5000 kg以上。栽培适应性广。

10. 雪峰黑牛无籽

由湖南省瓜类研究所选育。通过湖南省农作物品种审定委员会审定。

中晚熟品种，全生育期106 d左右，果实发育期36 d左右。植株生长势强，抗逆性强，坐果性好。果实椭圆形，果形端正，果皮墨绿。果肉鲜红，汁多味甜，口感风味佳，无籽性好。皮厚1.2 cm左右，耐贮运。果实中心可溶性固形物含量12%左右，中边糖梯度小。单果重6~7 kg。每亩产量4000~4500 kg，高者达5000 kg以上。栽培适应性广。

11. 湘西瓜11号（洞庭一号）

由湖南省岳阳市农业科学研究所选育。1996年通过湖南省农作物品种审定委员会审定，2002年通过国家审定（国审菜2002006）。

中晚熟品种，全生育期105 d左右，果实发育期34 d左右。植株生长势旺盛，抗病耐湿性强。果实圆球形，果形指数1.02，果皮墨绿底被蜡粉。果肉鲜红，肉质细嫩爽口，纤维少，中心可溶性固形物含量11.5%，近皮部7.5%。皮厚1.1 cm。单瓜重5~6 kg，大的可达8~10 kg。每亩产量2500~3000 kg。适宜在湖南、湖北、四川等省及南方生态区栽培。

12. 丰乐无籽3号

由安徽合肥丰乐种业股份有限公司选育。2002年通过国家品种审定（国审菜2002059）。

中熟品种，春播全生育期105 d左右，果实发育期33~35 d。生长势中等，抗病性强。坐果性好，在低温阴雨条件下易坐果。中抗枯萎病。果实圆形，果皮墨绿底覆隐窄条带，果面光滑。果肉红色，瓤质细脆，纤维少，汁液较多，剖面色泽一致，无着色籽，白秕籽小且少。果实中心可溶性固形物含量12%左右，边部7.5%，口感风味好。果实整齐度好，商品率高，畸形果少。果皮硬度强，皮厚1.2~1.3 cm，耐贮运。平均单果重6~10 kg。一般每亩产量3500 kg。适宜在湖南等省及相同生态区栽培。

13. 广西5号

由广西农业科学院园艺研究所选育。1996年通过广西壮族自治区农作物品种审定委员会审定。1998年获广西科技进步二等奖，2005年与广西3号共同获国家科技进步二等奖。

中晚熟品种，在当地春季种植生育期105 d，秋季种植生育期80 d，果实发育期28~32 d。高抗枯萎病、耐湿。果实椭圆形，果皮深绿色。果肉鲜红，肉质细脆、爽口，不空心，果实中心可溶性固形物含量11%。白秕籽小、少，果实品质好。果皮坚韧，皮厚1.1~1.2 cm，耐贮运。单果重8~10 kg。每亩产量4000 kg以上。适合南方栽培。

14. 广西6号（桂冠1号）

由广西农业科学院园艺研究所1994年育成，2006年通过广西壮族自治区农作物品种审定委员会审定。

中熟品种，果实发育期30 d。生长势较旺，抗病耐湿力强，瓜高圆形，皮色墨绿。果肉大红，细嫩爽口，果实中心可溶性固形物含量11%。不空心，白秕籽小而少，品质好。皮厚1.2 cm，耐贮运。一般单果重7~9 kg。一般每亩产量3500~4000 kg。栽培适应性广。

15. 鄂西瓜8号

由湖北省农科院蔬菜科技中心选育。2004年通过湖北省农作物品种审定委员会审定。

中晚熟品种。全生育期105 d，果实发育期35 d左右。植株生长旺盛，易坐果。果实圆球形，果皮墨绿底覆隐暗条纹，其上覆腊粉。果肉鲜黄色，剖面好，纤维少，无空心。果实中心可溶性固形物含量11%左右，边部7%~8%。果皮厚度1.15~1.2 cm。平均单果重5~7 kg。每亩产量3000 kg左右。

16. 暑宝

由北京市农业技术推广站选育。1998 年分别通过北京市和湖北省农作物品种审定委员会审定。2006 年通过国家品种鉴定委员会鉴定。

中熟品种，全生育期 102 d，果实发育期 34 d。植株生长旺盛，耐湿性强。果实圆形，果皮墨绿色且有隐性条纹。红肉，白秕籽少，汁多味甜，果实中心可溶性固形物含量 11.1%，边部 7.8%，品质优。平均单果重 5~8 kg，每亩产量 4000 kg 左右，适于北京、河南、湖北、江西等省（市）及相同生态区种植。

17. 津蜜 20

由天津科润蔬菜研究所选育。2005 年通过国家品种鉴定委员会鉴定。

中晚熟品种，全生育期 110 d 左右，果实发育期约 35 d。植株生长势强。抗旱、耐湿性较强。生长势和抗性均强，较易坐果，果实整齐度较好。果实圆形，果形指数 1.0，果皮黑色。瓜瓤大红，瓤质细脆，汁多爽口。中心可溶性固形物含量 11.5% 以上。皮厚 1.3 cm，皮韧耐贮运。单果重 5~7 kg。每亩产量 3500 kg 以上。

18. 鄂西瓜 12

由湖北省农业科学院经济作物研究所选育。2005 年通过湖北省农作物品种审定委员会审定。

中熟品种，全生育期 99 d，果实发育期 35 d。植株生长旺盛，耐湿、抗性较强。果实圆球形，果皮墨绿底覆隐锯齿细条纹，上被蜡粉。红瓤，无空心，白秕籽少，中心可溶性固形物含量 10.9%，边部 8.1%，品质优，耐贮运。单果重 7 kg 左右，每亩产量 2500 kg 左右。适于湖北省种植。

19. 新优 22 号（黑皮翠宝）

由新疆西域农业科技集团研究中心选育。2000 年通过新疆维吾尔自治区农作物品种审定委员会审定。

中熟品种，新疆露地覆膜直播全生育期 88~92 d，果实发育期 36~38 d。植株生长势较强，田间表现抗病性强。果实高圆形，深墨绿底上有隐网纹。

瓤色大红，质地脆甜，中心可溶性固形物含量11.0%以上。皮厚1.3 cm，耐贮运。平均单瓜重5.0 kg以上。每亩产量4000 kg左右。

20. 菊城无籽1号

由河南省开封市农林科学研究所选育。2001年通过河南省农作物品种审定委员会审定。

中晚熟品种。全生育期约100 d，果实发育期35 d左右。植株生长势较强，分枝强。耐寒性一般，耐涝、抗旱性较强。较抗枯萎病、病毒病和炭疽病。果实高圆形，墨绿皮。瓤红色，汁液多，纤维少，无空心，无着色秕籽，白秕籽小而少。中心可溶性固形物含量11.4%，边部8.9%，中边梯度小。皮厚1.3 cm；耐贮运。平均单果重7 kg，每亩产量3500~4000 kg。适宜河南省各地区及临近省区种植。

21. 菊城无籽3号

由河南省开封市农林科学研究所选育。2004年通过河南省农作物品种审定委员会审定。

晚熟品种。全生育期104 d左右，果实发育期35 d左右。植株长势健壮，分枝性强，抗逆性强，抗炭疽病、病毒病，轻抗枯萎病。果实圆球形，果形指数1.03。果皮黑色、硬韧，耐贮运。瓜瓤红色，质脆，无着色秕籽，无空心，无白筋与硬块，白秕籽小。中心可溶性固形物含量11.7%。平均单果重6 kg。每亩产量3500 kg，高产可达4600 kg。适宜河南省及周边地区种植。

（三）大果型黄皮或黄瓤类

1. 雪峰蜜黄无籽（湘西瓜18号）

由湖南省瓜类研究所选育。2002年通过国家品种审定（国审菜2002028）。

中熟品种，全生育期93~95 d，果实成熟期33~35 d。植株生长势中等偏强，分枝力较强，耐病、抗逆性强。果实圆球形，果形指数1.0，果皮绿色覆有墨绿虎纹状条带。果肉鲜黄，汁多味甜，口感风味好，无籽性好。果实中心可溶性固形物含量 12%~13%。皮厚 1.2 cm，耐贮运。单果重 5~6 kg，每亩产量 3800~4500 kg，高者 5000 kg 以上。栽培适应性广。

2. 雪峰大玉无籽 4 号

由湖南省瓜类研究所选育。通过湖南省农作物品种审定委员会审定。

中熟品种，全生育期 95~100 d，果实成熟期 35 d 左右。植株生长势强，坐果性好。果实圆球形，果形指数 1.04，果皮深绿色。果肉鲜黄，汁多味甜，无籽性好，口感风味佳。皮厚 1.2 cm，耐贮运。果实中心可溶性固形物含量 12% 左右。单果重 5~6 kg，每亩产量 3500~4000 kg。栽培适应性广。

3. 湘西瓜 19 号（洞庭 3 号）

由湖南省岳阳市农业科学研究所选育。2002 年通过国家品种审定委员会审定（国审菜 2002021）。

中晚熟品种，全生育期 103 d 左右，果实发育期 35 d 左右。生长势中等，抗病抗湿性较强。果实圆球形，果皮墨绿，皮薄且硬。瓤色鲜黄，质脆爽口，纤维极少，无着色秕籽，白秕籽小而少。中心可溶性固形物含量 12% 左右，边糖 8.0%~10.2%，糖分梯度小。耐贮运性较好。一般单果重 5~7 kg，每亩产量 3500 kg 以上。适宜在湖南、湖北、四川、重庆等地区种植。

4. 郑抗无籽 4 号

由中国农业科学院郑州果树研究所选育。2002 年通过河南省农作物品种审定委员会审定。

中晚熟品种，全生育期 100~110 d，果实发育期 33 天。植株生长势中等，抗病耐湿性好。果实圆球形，墨绿色果皮上覆有暗齿状花条。果肉柠檬黄色，质脆，中心可溶性固形物含量 11.0% 以上，近皮部 8.5% 左右，不空心，不倒瓤。皮厚 1.2 cm，耐贮运。平均单果重 5 kg 左右，每亩产量 4000 kg 左右，适应性广。

5. 黄宝石无籽西瓜

由中国农科院郑州果树研究所选育，2002 年通过国家品种审定委员会审定（国审菜 2002003）。

中熟品种，全生育期 100~105 d，果实发育期 30~32 d。植株生长势中等，抗逆性强。果实圆球形，墨绿色果皮上覆有暗宽条带，果实圆整度好，很少出现畸形果。果肉黄色，剖面均匀，纤维少，汁多味甜，质脆爽口，中心可溶性固形物含量 11% 以上，中边糖梯度较小，在 2.0%~2.5%。白色秕籽少而小，无着色籽。果皮较薄，在 1.2 cm 以下，果皮硬度较大，耐贮运。平均单果重 6 kg 左右，最大可达 10 kg 以上，一般每亩产量 3000~4500 kg，高者可达 5000 kg 以上。该品种适宜在陕西、甘肃、新疆、吉林、河南、湖南、安徽、河北、北京、天津等省（区、市）及生态条件类似的地区栽培。

6. 鄂西瓜 8 号（商品名“黑莎皇”）

由湖北省农业科学院蔬菜科技中心选育。2004 年通过湖北省农作物品种审定委员会审定。

中熟品种。果实发育期 34 d 左右。果实圆球形，果皮墨绿底有隐暗条纹，上有蜡粉。皮厚 1.2 cm 左右。瓜瓤鲜黄色。中心可溶性固形物含量 11% 左右，边部 7%~8%。单果重 5~7 kg，一般亩产在 3000 kg 左右。

二、小果型无籽西瓜品种

（一）雪峰小玉红无籽

由湖南省瓜类研究所选育。2002 年通过国家品种审定委员会审定（国审菜 2002031）。

早熟品种，全生育期 88~89 d，果实发育期 28~29 d。早春保护地栽培的全生育期延长 15 d 左右，果实成熟期延长 4~5 d。植株生长势强，分枝力较强，耐病、抗逆性强，单株坐果数 2~3 个，坐果性好。果实高圆球形，果形指数 1.10，果形端正，果皮绿底覆深绿色虎纹状细条带。果肉鲜红，无黄筋、硬块，纤维少，无籽性好，果实汁多味甜，细嫩爽口，口感风味佳。皮厚 0.6 cm 左右；较耐贮运。果实中心可溶性固形物含量 12.5%~13%。单果重 1.5~2.5 kg，每亩产量：地爬栽培 2000~2500 kg，支架栽培 3000~3500 kg。适宜在湖南、湖北、江苏、上海、河南等地区种植。

（二）雪峰小玉无籽2号（金福无籽）

由湖南省瓜类研究所选育。通过湖南省农作物品种审定委员会审定。2007年通过国家品种鉴定委员会鉴定。

早熟品种，全生育期89 d左右，果实成熟期29 d左右，早春保护地栽培全生育期和果实成熟期分别延长15 d和7 d左右，秋延后栽培全生育期缩短10 d左右。植株生长势强，耐病、抗逆性亦强。春季正常气候条件下栽培，单株坐果1~2个，坐果性好。果实高圆球形，果皮黄底覆隐细条纹。皮厚0.6 cm左右。果肉桃红，无籽性好，口感风味好。果实中心可溶性固形物含量12%~13%，中边糖梯度小。单果重2~3 kg，每亩产量地爬栽培2100~2500 kg，支架栽培3100~3500 kg。栽培适应性广，适宜于多种栽培方式，特别适宜于保护地早熟和秋延后栽培。

（三）雪峰小玉无籽3号（雪峰小玉黄无籽）

由湖南省瓜类研究所选育，通过湖南省农作物品种审定委员会审定。

早熟品种，全生育期在春季正常气候条件下栽培89 d左右，果实发育期29 d左右；早春保护地栽培全生育期和果实发育期分别延长15 d和5 d左右，秋延后栽培全生育期缩短10 d左右。植株生长势强，耐病、抗逆性亦强。单株坐果2~3个，坐果性好。果实高圆球形，果皮浅绿底覆细虎纹。果肉鲜黄，汁多味甜，口感风味好，无籽性佳。果实中心可溶性固形物含量12%~13%，中边糖梯度小。单果重1.5~2.5 kg。每亩产量地爬栽培2000~2500 kg，支架栽培3000~3500 kg。栽培适应性广，特别适宜于保护地早熟和秋延后栽培。

（四）京玲

小型无籽西瓜杂种一代。植株生长势强，第一雌花平均节位9.0，果实发育期35.5 d。平均单瓜重1.89 kg，果实高圆形，果形指数1.05，果皮绿色覆细齿条，有蜡粉，皮厚0.8 cm，果皮韧。果肉红色，中心折光糖含量10.7%，中边糖差2.2%，着色秕籽无或少，白色秕籽少且小。果实商品率97.3%。枯萎病苗期室内接种鉴定结果为中抗。

（五）桂系2号小无籽西瓜

由广西农业科学院园艺研究所选育。2003年通过广西农作物品种审定委员会审定。

早中熟中小果形品种。果实高圆形，深绿底隐暗花纹、少量蜡粉。果实深红，剖面好，不空心，无白块黄筋，肉质细密，白秕籽细少，中心可溶性固形物含量12.5%，清甜爽口，品质优。皮厚1.0 cm，皮质硬韧，耐贮运。一般单果重3~4 kg，每亩产量3000 kg。适合广西露地和保护地栽培。

第三节　无籽西瓜常规育苗栽培技术

一、育苗

（一）普通育苗

1. 种子播前处理

由于三倍体西瓜种子的种胚不饱满、畸形比率高、种壳木栓质厚等原因，直接播种不能保证正常发芽、成苗，生产上多采用种子特殊处理后进行育苗移栽。为提高发芽率和成苗率，三倍体西瓜种子播前处理如下：

（1）选种。种子质量的高低与幼苗的生长状况有很大的关系，只有高质量的种子才会发芽快、出苗全、幼苗生长茁壮。所谓高质量就是种子的纯度要高、粒大饱满、成熟度好、发芽率高。

选种就是根据品种的性状，按种子的形状、色泽、大小及饱满度进行逐粒挑选，将不符合该品种种子特征的杂子（二倍体、四倍体及混杂明显的三倍体种子）挑出，同时剔除霉变、虫蛀、破损、畸形籽、小籽、开口种子或外种皮破损的种子，以及混在其中的其他杂物等。

（2）晒种。选择无风晴天，晒种6~8 h，有利于提高发芽率。

（3）浸种。浸种的目的是使种皮和种胚充分吸收水分，软化种皮，使氧气容易通过，有助于幼胚原生质的激活，加速发芽。三倍体西瓜种子较大，种皮厚，种脐宽且坚硬，吸水能力差，吸水速度相对较慢，种胚多畸形且发育不完全，不易发芽，发芽率较低。因此，为了加快种子吸水速度，缩短发芽和出苗时间，一般都应进行浸种。

浸种的时间因水温、种子大小、种皮厚度而异，水温高、种子小或种皮薄时，浸种时间短；反之，则浸种时间延长。一般在 3~8 h 范围，而且南北方有异，北方气候干燥，种子含水量较低，浸种时间要长些；反之，南方空气湿润，种子含水量稍高，浸种不宜超过 6 h。

浸种方法有 3 种：

一是冷水浸种：用室温下的冷水浸种，一般 6~8 h 即可。浸种期间每隔 3 h 左右搅拌一次，再视情况换水。

二是恒温浸种：用 30℃左右的温水，在恒温条件下浸种，一般浸 3~6 h。

三是温汤浸种：这是常用的浸种方法，具体方法见消毒杀菌，浸种可以结合温汤消毒进行，浸种完毕，将种子在清水中清洗几遍，并反复揉搓，以洗去种子表面的黏质物，以利于种子萌发。

浸种注意事项：①浸种时间要适当，时间过短时种子吸水不足，发芽迟缓，甚至难以发芽；时间过长则会导致吸水过多，子叶沤烂。用冷水浸种时，浸泡时间可适当延长，温水或恒温条件下浸种时，浸泡时间应适当缩短。②利用不同消毒灭菌方法处理的种子，其浸种时间应有所区别。如用高温烫种的，由于在温度较高的水中，西瓜种子软化的速度快，吸水速度也快，达到同样的吸水量所用浸种时间会大大缩短；若用 30℃左右的温水恒温浸种时，所需时间会更短，一般 3~6 h 即可达到种子发芽的适宜含水量。浸种时间延长，反而会因吸水过多而影响种子发芽，严重者会使种子失去发芽能力；药剂处理时间较长时，浸种时间也应适当缩短。③在浸种前已进行破壳处理的，其浸种时间也应适当缩短，一般不超过 2 h。④贮藏年限较长的陈种浸种时间应适当缩短。一般不超过 2 h。

（4）种子消毒。种子是传播病害的重要途径之一，多种西瓜病害可以通过种子传播。由于西瓜种子在生长、采收、晒种以及贮藏过程中，不可避免地会受到某些病菌的侵染，而成为病害的传染源。因此，在播种前必须对其进行灭菌或消毒处理，以减少发病机会，为培育无籽西瓜壮苗和夺取高产打下基础。

种子消毒处理方法主要有：药剂处理、高温处理等，进行药剂处理或高温处理均可以将病菌危害降到最低程度。

1）药剂处理：利用各种药剂对西瓜种子进行消毒灭菌处理。

①硫酸铜浸种：用 1% 的硫酸铜溶液浸泡 5 min 杀菌，然后用石灰水中和酸性，清水冲洗干净。②福尔马林浸种：用 40% 福尔马林 100 倍液浸种 30 min，浸种后用清水洗净，然后播种或晾干后备用。③多菌灵或普力克浸种：用 50% 多菌灵 500 倍液浸种 1 h，或用 72.2% 普力克水剂 800 倍液浸种 0.5 h。④代森铵浸种：用 50% 代森铵 500 倍液浸种 1 h。⑤咪唑盐酸浸种：用咪唑盐酸 500 倍液浸种 1~2 h。⑥漂白粉浸种：将种子在 2%~3% 漂白粉溶液中浸 30~60 min，用水洗净后播种，可杀死种子表面的细菌。⑦用 1.2 mL/L 的 Physan－20 或 Tsunami 100 倍原液浸种 0.5 h，可使 BFB 病菌致死。⑧将种子用 1% 次氯酸钠浸泡 15 min，或在 1% 盐酸中浸泡 15 min，或在 1% 醋酸中浸泡 15 min 后立即用清水洗净、风干，能杀死种子上的病菌。据 Hopkins 1996 年试验证明，用 1% 盐酸处理被细菌性果腐病菌污染的种子 15 min 可降低种子传染率。⑨用浓度为 80 mg/mL 的过氧乙酸悬浊液浸种 30 min 后，可使 BFB 病菌致死。

2）温汤浸种：将三倍体西瓜种子放入 55℃的温水（两份开水对一份凉水），不断搅拌，使水自然冷却，再浸种 3~4 h。55℃为一般病菌的致死温度，浸烫 15 min 后，附在种子上的病菌基本上可被杀死，可起到一定的杀菌效果。

3）干热杀菌：用干热杀菌机对种子进行干热杀菌处理。

大多数资料显示 52℃的温度处理只可杀死植物种子上的一般病原细菌，有些耐高温细菌的致死温度最高也不超过 70℃，而 68℃是病毒的致死温度。

湖南省瓜类研究所应用专门的设备——干热杀菌机进行杀菌，能杀死多种耐热病菌以及果腐病菌，并在出口种子上试用了多年，效果显著。该设备在国内具领先水平，其基本原理和杀菌过程是在28~30℃下预热并喷雾使空气湿度保持在60%~70%，使病原菌激活，然后温度上升到52℃恒温可杀死一般病菌，然后再上升到72℃杀死耐高温病菌，这种变温处理可以缩短杀菌时间。

（5）破壳。三倍体西瓜种子催芽之前，除经过特殊处理的种子不需要破壳处理外，其他的种子都必须破壳，以利于种子发芽。破壳通常是将种子脐部轻轻夹破，使发芽孔张开。

破壳处理既可在浸种前进行，也可在浸种后进行。若在浸种前破壳，浸种时间应比常规浸种适当缩短2~3 h；若在浸种后破壳，将浸好的种子在破壳前要先用干毛巾或布将其擦干或者在石灰水中浸泡5 min去滑、洗干净，以免破壳时种子打滑不便操作。

破壳方法有口磕法和机械破壳法两种。

口磕法：即像平时磕瓜子一样，手拿一粒种子将其喙部放在上下两牙之间轻轻一磕，听到响声为止。

机械破壳法：可用钳子将种子喙部轻轻夹开，用专用破壳钳或在钳子后部垫上一小块塑料块或小木块，以防损伤胚芽。还有用砂轮将喙部磨一小口，也可用剪刀或小刀剪削等。还有用小锤轻碰一下，但这种方法不易掌握分寸，安全系数低，效率也不高，这些方法都不如用钳子破壳和口磕效果好。

（6）催芽。三倍体西瓜种子催芽的温度要比二倍体西瓜高3~5℃，种子发芽的温度下限为28℃，上限为42℃，最适发芽温度为33~35℃。只要具备种子发芽的条件，经催芽24~36 h后，具有生命力的种子基本会发芽。

经过浸种和破壳的种子即可进行催芽。催芽的方法有多种，有电热恒温箱催芽、火炕催芽、热水瓶保温催芽、电热毯催芽、体温催芽、厩肥发酵热催芽等。但在生产上常用的催芽方法有以下几种：

1）恒温箱催芽法：即用科研或生产上常用的恒温发芽箱或恒温培养箱催芽。用该方法催芽最安全可靠，因有微控自动装置，能控制恒定的温度。催芽时先将控制钮或控制键调到适宜的温度刻度或显示，一般为30~33℃，打开开关通电加热，然后将湿纱布或湿毛巾放在一个盘子或其他容器上，把种子平摊在湿纱布或湿毛巾上。再盖1~3层湿纱布。种子要摊匀，再用塑料膜包起保湿，将盘子放入恒温箱中，调整恒温箱的温度至最适温度进行催芽。催芽期间每天要将种子取出翻动1次，以补充氧气，然后再重新放入。无籽西瓜种子一般24 h后即可出芽。36~48 h即可基本出齐播种。

2）电热褥催芽法：即用电热褥作为热源进行催芽。此法比较简单，易于操作。先将浸好的种子包在湿布里，用塑料膜包起保湿，放在电热褥上，同时插入一支温度计，上面盖一床棉被保温，利用调温挡和盖被来调节温度，若温度不足可在电热褥下垫床棉被。最好把调温挡改装为滑动变阻器来调节温度，使温度保持在33℃左右。勤观察，勤调节，等温度稳定即可，但要注意电压是否稳定，防起火或温度过低，而且每天要打开翻动通气1次。

3）电灯催芽法：也称简易温箱催芽法，即取一容器，里面放置电灯泡作为热源进行催芽。由于温度不均匀，离电灯泡越近，温度越高，可高达150℃左右，可调节种子离电灯泡的距离来调节温度，同时必须防止起火或烧坏种子。最好装一个温控器，使发芽温度达到33℃左右时自动断电，温度降低时再通电，使温度保持恒定。

除此之外，还有许多经验方法，如火炉、煤炉等作为热源进行催芽。无论选用哪种方法，催芽都应遵循安全、简便、效果好的原则。

催芽注意事项：①催芽温度要尽量稳定，且在适宜温度范围内，三倍体无籽西瓜最适发芽温度33~35℃，最高一般不超过35℃，在催芽过程中要勤观察并经常翻动，发现问题及时解决；②催牙长度以刚露白为最好，最长也不应超过3 mm，过长易折断幼芽，若出芽不整齐时，可先将出芽的挑出来先行播种或用湿布包好放在15℃左右的条件下，待基本出齐后，再一起用于播种；③在催芽过程中，要经常翻动种子，否则易因温度较高、透气不良而产生一种难闻的酸味，同时幼芽接触到这些物质易变黄或腐烂。

为了提高种子发芽率，加快发芽速度，可用一些药物处理种子，对种子加以刺激，促进其生理活动。如可用 5~10 mg/L 的赤霉素或用 0.1%~0.2% 的硼酸、磷酸二氢钾，在浸种前配好药液，直接用其浸种，种子吸收这些物质后，生理活动增强，发芽快，而且可使幼苗生长健壮。

2. 育苗管理

无籽西瓜多用温床或冷床集中育苗，营养钵播种。当苗床温度达到 20℃以上时，将催芽后的种子播于准备好的营养钵中。

（1）苗床的温、湿度管理。出苗以前床温需保持 30~35℃。大部分瓜苗出土后床温白天保持在 20~25℃，夜间 18℃左右。第一片真叶露尖后，白天保持在 25~28℃，夜间 18~20℃，以加速幼苗生长。移栽前 1 周揭膜锻炼幼苗，使幼苗逐渐适应环境温度。

（2）幼苗去帽。三倍体无籽西瓜种子因种壳厚，种胚不饱满，幼苗出土后大部分种子的种壳会紧紧夹住子叶不易自行脱落，需在育苗床进行人工脱帽。该项作业应在上午进行。

普通育苗的优点是成本低，操作简单、方便，可以进行少量育苗，管理水平和要求不高。缺点是受气候因素影响大，若遇低温幼苗出土慢，甚至会导致种子在苗床内沤烂，若遇高温幼苗徒长形成高脚苗，苗弱易感病。

（二）工厂化育苗

工厂化育苗的种子播前处理（包括选种、晒种、浸种、种子消毒处理、破壳等）与普通育苗一样。

1. 温室穴盘催芽

温室穴盘催芽主要应用于工厂化育苗，用自动化装填设备对基质进行混配、调节湿度并装填好基质穴盘，将装填好基质的穴盘经自动播种机或人工播好种子后送到人工控制温湿度的温室内，在白天 32℃、晚上 20℃变温处理或 30℃恒温、适宜的湿度和光照条件下催芽。该方法由于穴盘基质湿度合适而且稳定、透气性极好，催芽出苗全部在人工控制室内进行，其出苗健康整齐，出芽率高。若用恒温箱催芽后再播种，湿度是用湿毛巾或纱布控制，完全靠经验，加之湿毛巾或湿纱布的透气性差，活力差的种子会因高温而产生酸性气味，影响发芽。发芽率偏低。

2. 大棚育苗

将催芽出土的无籽西瓜种子穴盘推进自动化连栋大棚，逐一摆放于可移动式苗床上进行育苗，根据幼苗生长时期调节大棚内温度、湿度。

（1）小苗去帽。将在人工控制室出苗 70% 的穴盘推入自动化连栋大棚，立即对种壳及种皮未脱落的小苗采取人工脱帽。在前 3 d，棚内保持 30℃和较高的湿度以利于人工脱帽。

（2）幼苗床的温、湿度管理。床温白天保持在 20~25℃，夜间 18℃左右。第一片真叶露尖后，白天保持在 25~28℃，夜间 18~20℃，以加速幼苗生长。移栽前 1 周将大棚掀开进行幼苗锻炼，使幼苗逐渐适应自然气温。

工厂化育苗的优点是不受外界气候影响，随时都可以进行育苗；自动化程度高，配基质、装填穴盘、穴盘催芽、苗床移动运输等都可实行自动化；幼苗生长健壮一致、抗病，是无籽西瓜生产发展的必然趋势。

二、整地与施基肥

选择地势较高、干燥凉爽、阳光充足、土壤通透性良好、排灌方便、富含有机质的非连作地块，在年前深翻，使土壤进一步熟化，提高土壤透气性，同时杀死病菌和虫卵。移栽前 20 d 左右精细整地。南方整地以长江中下游地区为例，一般采用深沟、高畦栽培。按行距 1. 7~2 m 做畦，高垄栽培，垄宽 60 cm 左右。高 15 cm 左右，垄上覆盖 80~90 cm 宽地膜。开好腰沟与围沟，做到沟沟相通，雨停田干。

无籽西瓜施基肥应考虑植株需肥特点、气候条件、土壤肥力、品种特性和植株生长势等情况。土壤中的氮、磷、钾及土壤有机质含量最好能经分析测定加以定量了解，积极采用测土配方施肥技术。由于无籽西瓜多为中晚熟大果型品种。植株生长旺，产量高，对肥料需求量大。北方基肥一般每公顷施厩肥 45~75 m³ 或 15000~22500 kg 粪干，另加 600~900 kg 尿素和 150~225 kg 硫酸钾作基肥，基肥数量按有效营养成分计，占总施肥量的 50%~60%，施用方法多为耕层土壤深施。南方施基肥数量较北方少，一般占总施肥量的 30% 左右，多为速效性肥料与厩肥、饼肥等有机肥混施，也有每公顷单用 3000~4500 kg 粪稀作基肥，施肥深度也较浅。

三、定植

（一）定植时间

当气温稳定在 15℃左右时，无籽西瓜幼苗即可定植大田，一般苗龄 20~30 d，叶龄为一叶一心至三叶一心。营养钵育苗时，定植前 5 d 苗床停止浇水，定植时要做到小心轻放，以免散钵伤根降低成活率。定植宜选择无风、无强烈日照的晴天或阴天进行，切忌雨天定植。定植后应及时浇稀薄复合肥（一般浓度不超过 0.3%），并盖上地膜，封好膜边，以保温、保肥。

（二）定植密度

定植密度根据当地的气候条件、品种的类型、长势和土壤的肥力水平而定。南方雨水多，早春光照差，无籽西瓜长势旺盛宜稀植；土壤肥力水平高的地块宜稀植，肥力低的宜密植。根据肥水条件，无籽西瓜一般按每公顷 4500~7500 株定植。

定植深度应该使营养钵的上口与地面相齐平（一般子叶距地面 1~2 cm），这种深度能够满足瓜苗根系生长对环境条件的各种要求，但定植后瓜苗缓苗快，发棵早，能达到高产的目的。

四、田间管理

（一）整枝

整枝方式有多蔓、双蔓等，依据不同品种、地区、栽培方式采用不同整枝方式。无籽西瓜因长势旺盛，故一般不采用单蔓整枝，在南方至少留两蔓。华北地区采用 2~3 蔓整枝时，每公顷栽植 6000~7500 株。长江中下游地区及广西、海南等地采用无籽西瓜嫁接稀植栽培技术栽培时，每公顷栽

3000~6000 株，多蔓整枝，1 株结 1~2 个果。

（二）人工辅助授粉与留瓜

三倍体西瓜的雌雄配子均高度不育，自花授粉不能结实，需用二倍体西瓜的可育花粉给三倍体西瓜雌花授粉，产生激素刺激子房发育形成果实。进行人工辅助授粉和蜜蜂传粉可显著提高坐果率。

人工辅助授粉应在上午 10 时之前进行。6 时以前采集当天将开而未开的二倍体西瓜成熟雄花，授粉时将二倍体西瓜雄花的花粉轻轻涂满三倍体西瓜雌花的柱头，一朵雄花可供 2~3 朵雌花授粉用。

三倍体西瓜不同坐果节位留的瓜，其单瓜重和品质有很大的差别（表 3-1）。理想的坐果节位因品种、熟性、栽培季节及栽培方式等因素的不同而异，以中熟品种春季栽培为例，主蔓 20~25 节，第 2、第 3、第 4 雌花，侧蔓 15~18 节。第 2、第 3 雌花坐的果最好，只要肥水管理得当，这些节位坐的果可以充分表现优良性状。低节位的果靠近根部，称“根瓜”。由于其生长发育期遭遇低温或营养不足等不良外界条件会导致西瓜果实果形小、形状不正、皮厚、空心等不良性状，应及时摘除，以减少养分消耗。

表 3-1　无籽西瓜坐果节位与果实产量、品质的关系

坐果节位	功能叶数	单果重（kg）	皮厚（cm）	瓜瓤	着色秕籽数	含糖量（%）	每公顷产量（kg）	产量对比（%）
7~9	26.3	2.6	1.85	空心	7.6	9.4	21450	62.4
13~15	41.8	4.35	1.16	紧	1.5	10.2	34380	100.0
19~21	64.5	5.25	1.25	较紧	0	10.5	43320	126.0
25~27	82.1	4.65	1.27	软	0	8.7	38355	111.6

（贾文海，1997）

（三）肥水管理

三倍体西瓜植株生长旺盛，需要充足而稳定的肥水供应。西瓜对氮（N）、磷（P_2O_5）、钾（K_2O）三要素的吸收，以钾最多，氮次之，磷最少。许多研究表明三者的比例为3.3∶1∶4.3最合适，施肥基本可依此比例实行。西瓜植株在不同生育时期对肥料三要素的吸收有很大差异（表3–2），需肥高峰期主要在膨瓜期，加强此期的肥水管理，是获取优质高产的关键。此期缺水，将造成无籽西瓜果实生长受阻。产生畸形，品质下降。磷肥的施用量需特别注意，如磷肥过多会造成三倍体无籽西瓜果实中白秕籽数量增加和颜色加深。

表3–2　西瓜植株在不同生育时期对肥料三要素的吸收（周光华，1964）

生育期	各期吸肥量占全期最大值百分比（%）				各期每株吸肥量（g）				$N:P_2O_5:K_2O$
	N	P_2O_5	K_2O	小计	N	P_2O_5	K_2O	小计	
发芽期	0.014	0.008	0.004	0.01	0.0002	0.00003	0.00008	0.003	3.56∶1∶1.56
幼苗期	0.701	0.604	0.391	0.54	0.0034	0.0008	0.0022	0.006	3.80∶1∶2.76
伸蔓期	21.815	19.944	7.849	14.67	0.1174	0.0327	0.0558	0.206	3.59∶1∶1.74
坐果期	3.168	2.641	11.370	7.28	0.0782	0.1994	0.3721	0.4072	3.63∶1∶3.66
果实生长盛期	74.312	70.957	80.386	77.50	0.4382	0.1276	0.6264	1.1922	3.48∶1∶4.60
变瓤期	−11.421	5.816	−11.247	−9.39	−0.1415	−0.0221	−0.1840	−0.3034	−1.77∶1∶−3.85

注：①品种：手巾条；②植株中含有N、K_2O的最大值在“定个”之际，而P_2O_5在成熟期。

西瓜的肥料一般分基肥和追肥两部分施用。为保证无籽西瓜的优质丰产，在施足基肥后应根据植株生长发育特点，做到轻施苗肥、巧施蔓肥、重施果肥，有重点的多次追肥，以适应无籽西瓜生长和结果的需要。

无籽西瓜在苗期根系范围小，应以追施少量速效性氮肥，促进植株根系发育为重点。北方旱地无籽西瓜 4~5 片真叶期，每公顷追施尿素 22.5~37.5 kg，施后及时覆土。北方有水浇条件的无籽西瓜 5~6 片真叶期，每公顷追施尿素 30~45 kg。南方无籽西瓜在定植后伸蔓前，一般每公顷施入粪尿 2~3 次，每次施 3000~4500 kg。

在伸蔓期依据气候条件、植株长势情况追施伸蔓肥。在华北地区可于伸蔓初期每公顷施尿素 105~150 kg，硫酸钾 45~75 kg。南方地区在伸蔓后每公顷施饼肥 750~1050 kg 或施腐熟的禽粪 7500~10250 kg。当田间无籽西瓜大部分植株已坐果，幼果达鸡蛋大小时，应追施果肥。北方一般每公顷施尿素 150~225 kg，硫酸钾 75~90 kg。南方每公顷施尿素或复合肥 150~225 kg。果肥可在第一次追施后，当果实生长至直径 15~25 cm 时追施第二次，每公顷施尿素 105~150 kg、硫酸钾 75~90 kg。采收前 1 周应停止施用追肥。

西瓜在整个生育期中耗水量较大，但要求空气干燥，土壤含水量不能过高。对土壤湿度的要求是苗期较低、伸蔓期稍高，而以果实膨大期需水量最大。若此期水分供应不足时，会影响果实的产量和品质。同时西瓜根系发育需较多的土壤空气氧含量，不耐涝，灌水多时会降低根系的活力，甚至造成烂根。

西瓜的灌溉应根据气候条件、土壤条件和植株生长状况综合考虑安排。对于土质疏松、保水能力弱的沙土地，可采用少量多次灌溉，以保证植株生长和果实生育的需要。保水能力强的黏土地，则要增加灌水量，减少灌溉次数。在采收前半月左右和大雨前后的 3~5 d 应停止灌溉，以免影响西瓜品质和积水伤根。

北方无籽西瓜栽培浇水要结合气候和植株生育情况进行。西瓜的苗期需水量少，为促进植株根系向土壤深层伸展，一般在苗期不进行灌溉，采用勤中耕保墒的管理措施。灌溉的原则：一是全园浇水使瓜沟与行间均浇透，保证充足的底墒；二是不要过量，以免水量过大降低地温影响幼苗生长。西瓜伸蔓期植株的需水量逐渐增加，管理上以勤中耕、少浇水为原则。当土壤含水量过低时，可在瓜沟内浇小水补充土壤墒情。植株坐果后由于果实迅速膨大需水量达到生育期的高峰，在缺少降雨时应全园灌溉 2~3 次。但需注意在大雨之前避免浇水，大雨之后注意瓜沟和畦面的排水。条件允许的地区可采用喷灌和滴灌。

南方地区在西瓜生长前期、中期降雨多，雨量大，需注意加强田间排水工作，后期高温伏旱要适当补充灌溉。在南方丘陵地区种植西瓜，后期伏旱对果实发育影响较大。通过育苗定植、早熟栽培，减少伏旱对果实发育的影响：进行地面覆草减少水分蒸发，保持畦面疏松，也可蓄留一部分雨水。在伏旱前全园覆草对丘陵地区瓜园抗旱效果明显。南方地区种植西瓜在生长前期结合追肥浇人粪尿，一般不再单独灌溉。5 月中旬出现高温干热天气时，可适当浇小水 1~2 次增加表土湿度。7 月进入伏旱时，为保证果实膨大，以畦面无水的沟灌为宜，同时注意不使水在沟中停留时间过长。灌水时间以夜晚为好，以免昼间因水温高而伤根。水田种瓜，瓜根在畦背中部，可采用沟水泼浇方法进行灌溉。

空气湿度对西瓜生育的影响也较大，不同的生育期对空气湿度的要求不同。开花授粉时要求高湿，空气湿度在 80% 以上时有利于花粉粒萌发，坐果率高。空气干燥时受精困难，造成子房脱落，坐果率降低，故授粉时若遇高温干燥，必须进行灌溉或喷雾增加空气湿度，以提高坐果率。西瓜坐果后至成熟，空气相对湿度以 60% 左右为宜。在生产中利用清晨空气相对湿度较高时进行授粉，能提高花粉的萌发力，促进坐果。西瓜坐果盛期过于干旱，会导致西瓜果形小，且易落果。

第四节　无籽西瓜嫁接育苗栽培技术

一、概况

嫁接栽培是将植物一部分器官（枝、芽或根）接到另一植株的适当部位上，使两者愈合成一个新的统一共生体，即独立新株的方法。嫁接时，在上部不具有根系的器官叫接穗，位于下部承受接穗、并具有根系的植物体叫砧木。中国20世纪70年代开始西瓜嫁接栽培的研究利用，至80年代末期已有很多地区大面积推广应用。湖南的沅江、长沙，福建的长乐，贵州的榕江，辽宁的大连，浙江的嘉善等地，每年均有数百公顷嫁接栽培，达到防病、增产、增收的目的。

20世纪90年代初期以前西瓜嫁接多用于普通二倍体西瓜，随着无籽西瓜在中国大面积推广，土地轮作年限缩短，设施栽培也越来越在生产上发挥其优势，因而病害也越来越严重，在无籽西瓜主要产区如湖南、广西、福建、海南以及安徽、陕西等地已广泛采用嫁接育苗，近年形成育苗工厂化、商品化，一大批育苗基地应运而生。

三倍体无籽西瓜的嫁接育苗，其方法、操作程序以及成活生理等与二倍体西瓜基本一致，在实践上无明显不同，因此本文所用研究观察资料多为二倍体西瓜的资料，个别细节有异的将作进一步说明。

二、无籽西瓜嫁接栽培的意义

（一）预防西瓜枯萎病

枯萎病是危害瓜类作物的一种较普遍的病害。三倍体无籽西瓜的抗病性虽较二倍体有籽西瓜略强，但对这种土传病害，在土地轮换周期短的地区仍相当严重。枯萎病的病原菌以菌丝体，厚垣孢子和菌核在土壤及病株残体上过冬，生活力很强，可在土壤中存活5~6年，有的还可以活更长的时间，至今尚无有效药剂防治。中国长期以来实行轮作制来预防枯萎病以及其他病害。但栽培面积较大的主产区，由于土地种瓜的频率高，土壤内枯萎病病原菌的含量浓度高，即使实行了轮作，发病率仍然很高，轻则降低产量，重则全园失收。选择对西瓜枯萎病有抗性或免疫的瓜类作物与西瓜进行嫁接，达到抗病以至免疫的目的，是西瓜实行嫁接栽培的主要目的。

表 3-3　嫁接苗与自根苗发病情况调查

类别	面积（hm^2）	株数	死株数	死株率（%）	果实个数	其中 2 kg 以上个数	总重（kg）	平均单果重（kg）	折每公顷产量（kg）
嫁接苗	0.016	144	0	0	200	107	824	4.14	51750
自根苗	0.027	340	76	31.6	110	24	292	2.6	10950

注：该生产田 4 年未种过西瓜，品种为湘杂 3 号。

据江苏省农业科学院 1977 年观察，在连作地上，未嫁接的对照植株在 6 月 22 日调查时因枯萎病发生而造成的死株率达 63.8%，6 月 30 日死株率发展到 88.2%，至 7 月 16 日则全部枯死，而此时所有的嫁接植株仍枝繁叶茂，无一感病。

湖南省园艺研究所 1979 年在所内疫区鉴定，嫁接西瓜无一株发生枯萎病，而未嫁接的各对照区普遍发病死苗，且病株率达 95% 以上，基本上失收。1991 年在所内生产田再次调查（表 3-3）。从表 3-3 可知，西瓜嫁接栽培预防枯萎病的效果十分显著。

（二）稳产高产

由于西瓜嫁接能有效地预防枯萎病的发生，即使是在栽培西瓜的老区或轮作年限较短的田块，西瓜也能保产。由于嫁接西瓜根系较西瓜自根发达，吸肥力增强，地上部生长量加大，同化效率提高，因而西瓜的产量还有不同程度的增加。湖南省园艺研究所 1975 年、1976 年两年的试验结果证明，嫁接西瓜坐果率高，果形增大，果重明显增加，两年分别增产 28.8% 和 38.7%，浙江农业大学园艺系 1975 年田间试验对照与嫁接瓜均未发病，但蜜宝西瓜嫁接苗较对照增产 17.3% 和 58.8%，四倍体 1 号嫁接苗较对照增产 27.2% 和 92.0%。贵州省榕江县 1987 年西瓜生产虽然遭受自然灾害，但嫁接瓜仍然达到了平均每公顷 34500 kg 的产量，最高的达 45330 kg，而一般的自根西瓜每公顷产量只有 16500~22500 kg，嫁接西瓜比自根西瓜增产 1 倍。

（三）加强根系，节约肥料

西瓜苗期根系较弱，根的再生能力差，而与葫芦或南瓜嫁接以后，砧木的根系庞大，再生能力强，根系生长良好，加速了嫁接苗地上部的生长，尤其在嫁接后 30~40 d 表现特别显著。根据"湖南省园艺研究所（1990 年）的观测，同时定植同等大小的瓜苗，30 d 后，嫁接苗的主蔓长度较自根苗的主蔓长度平均长 30.5 cm。河北农业大学乜兰春（1998）对西瓜嫁接苗生长发育特性的研究也表明了嫁接苗（砧木：瓠子）3~4 叶期后生长速度加快，蔓长、蔓粗、最大功能叶叶面积均显著大于自根苗。嫁接苗叶片的叶绿素含量、气孔导度、胞间 CO_2 浓度、RUBP 酸化酶活性和光合速率亦显著高于自根苗。

嫁接苗比自根苗有较强的同化能力，同时该研究对根系一昼夜的伤流量也进行了测量（表 3-4）。

表 3-4　西瓜嫁接苗与自根苗叶片同化能力的比较

类别	叶绿素含量（mg/g）	气孔导度［mmolCO_2/g（FW）· min］	胞间 CO_2 浓度（UL/L）	RUBP 羧化酶活性［μmolCO_2/g（FW）· min］	光合速率［μmolCO_2/（FW）· min］
嫁接苗	2.11	163.70	175.30	15.87	17.22
自根苗	1.86	152.00	161.80	13.52	15.11

乜兰春（1998）

生长发育时期，西瓜嫁接苗根系伤流液较自根苗大，伤流液是根系生命活动的表现，根系伤流液大，表示根系生命活动旺盛，吸收能力强（表 3-5）。因此，西瓜采用嫁接栽培时，可以减少基肥用量，以避免前期瓜苗徒长，推迟花期，发生花而不实的现象。减少到什么程度，应视地力及栽培条件不同而异，葫芦砧木嫁接苗较自根苗用肥量可减少 20%~30%。

表 3-5　不同生长发育时期西瓜嫁接苗与自根苗根系伤流量比较

类别	伸蔓期	开花坐果期	坐果后期
嫁接苗	8.46	11.70	14.00
自根苗	5.56	8.28	9.58

乜兰春（1998）

（四）增强耐寒性，促进早熟

西瓜生长发育的最适温度为25±7℃，中国西瓜栽培季节主要是春播夏收，大部分地区由于春季气温回升慢，前期低温影响西瓜蔓的伸长，花期推迟，果实发育不良，这在早熟栽培中尤为突出，用葫芦或南瓜作砧木的嫁接苗耐寒力有一定程度的提高，因而可以在较低的温度下正常生长，而未经嫁接的西瓜自根苗则停止发育。湖南省园艺研究所多年的试验结果证实，在同期栽培条件下，以葫芦作砧木的嫁接瓜比未嫁接的自根西瓜雌花期早5 d左右，果实采收上市期提前5~7 d。

乜兰春等的研究记录与湖南省园艺研究所的结论基本一致（表3-6）。

表3-6　西瓜嫁接苗与自根苗开花结果习性的比较

类别	雄花开放日期	第1雌花节位	第2雌花节位	第2雌花开放日期	果实褪毛期	坐果率（至6月7日）
嫁接苗	5月17日	11.3	17.5	5月22日	5月28日	100%
自根苗	5月17日	15.0	22.0	5月27日	6月2日	100%

乜兰春（1998）

嫁接苗第1雌花比自根苗第1雌花降低近4个节位，第2雌花节位也相应降低，故嫁接苗第2雌花开放日期早于自根苗，果实发育也早于自根苗。因嫁接提高了西瓜植株的耐寒性，对于保护地和早熟栽培十分有利，因此嫁接是西瓜早熟栽培的重要措施之一。

据日香川大学仓田久男的研究，嫁接苗生长初期往往表现出砧木的特性，而生育的后期特别是着果以后则表现为接穗西瓜的特性。由于砧木种类品种不同，必然对西瓜生长产生较大的影响，除吸肥和耐低温性以外，在苗龄上存在一定差异，南瓜砧木根系易衰老，嫁接苗龄不宜过长，以30 d内为宜，而葫芦砧木苗龄可延至40 d仍很少伤根，不影响成活。此外，砧木种类对嫁接苗的耐湿、耐热性有一定的影响。

（五）保存育种材料，扩大繁殖系数

珍贵的育种材料或育种材料很少的情况下，为了避免偶然因素引起丢失，可以将枝条或芽嫁接在适合的砧木上培育成植株，达到保存材料、扩大繁殖系数的目的。用生物技术获得的无性苗，如三倍体无籽西瓜茎尖组织培养出的苗、用原生质体或单细胞诱导培养出的苗以及转基因植株的再生苗等，这些无性苗要用人为的办法诱导其发生不定根比较困难，且需要的时间长，然而采用嫁接的办法，将上述材料嫁接到砧木上，给予适宜的条件，精心管理，可以很快将试管苗培育成为可以在大田栽培的植株。

三、砧木选择

（一）选择砧木的要求

砧木应具备抗瓜类枯萎病及其他病害，与接穗西瓜亲和力强，嫁接成活率高，嫁接苗能顺利生长和正常结果，且对果实品质无不良影响，嫁接时操作便利等性状。适宜砧木应从以下几个方面综合考虑。

表 3-7　砧木与接穗苗期及成株期人工接种鉴定结果

供试品种	苗期接种发病情况	成株期接种发病情况
蜜宝西瓜（接穗）	++++	++++
长瓠子	–	–
磨盘南瓜	–	–
长沙肉丝瓜	–	–
粉皮冬瓜	–	–
饲用西瓜	–	–
S142（野生西瓜）	–	–
S144（野生西瓜）	–	–

注：菌种采自西瓜试验田，经过病理学鉴定：++++ 为发病严重，– 为未发病。

1. 抗病性

西瓜嫁接目的主要是为了预防 *Fusarium oxysporum* f. sp. *niveum* 引起的枯萎病，它有明显的寄生专化型。瓜类枯萎病病原菌 *Fusarium oxysporum* 有5个专化型，即西瓜专化菌（*Fusarium oxysporum* f. sp. *niveum*）、黄瓜专化菌（*Fusarium oxysporum* f. sp. *cucumerinum*）、甜瓜专化菌（*Fusarium oxysporum* f. sp. m*elonis*）、丝瓜专化菌（*Fusarium oxysporum* f. sp. *luffae*）、葫芦专化菌（*Fusarium oxysporum* f. sp. *lagenariae*）。一般来说，葫芦、南瓜、冬瓜、丝瓜等不感染西瓜专化病，或者说这些种类对西瓜专化菌具有抗性。从苗期与成株期的接种试验看，葫芦、南瓜、冬瓜、丝瓜以及几个饲用西瓜与野生西瓜品种不感染西瓜专化型枯萎病菌，因此，这些种类均可作为西瓜嫁接用的砧木（表 3–7）。

近年的研究发现从西瓜专化型枯萎病菌中分化出浸染葫芦、冬瓜的菌株，表明以冬瓜、葫芦为砧木嫁接的西瓜不一定会有 100% 的抗性。同时，以葫芦为砧木的嫁接苗在坐果期发生急性凋萎，现有的资料多数认为是生理性凋萎。1960 年全日本出现瓠瓜砧急性凋萎现象。佐藤、伊藤（1962）从福冈县瓠瓜砧西瓜受害部位分离出只对瓠瓜有致病性的镰刀菌，此后，松尾（1967）发现从有枯萎症状的瓠瓜中分离出来的镰刀菌对黄瓜、甜瓜、西瓜、南瓜没有致病性，因而葫芦类砧木的嫁接苗发生急性凋萎现象的直接原因尚不能确定。

2. 亲和性

亲和力与种属间的亲缘有关。有资料表明，西瓜与葫芦科其他种类的亲缘依次为葫芦、冬瓜、南瓜、甜瓜、黄瓜。用西瓜作接穗，其他瓜类作砧木，除黄瓜砧外，都表现出很强的共生亲和力。但以西瓜为砧木与其他瓜类嫁接时，则表现为黄瓜、南瓜、葫芦有较强的亲和关系，而甜瓜的亲和力较差。

亲和力包括嫁接亲和力和共生亲和力。嫁接亲和力是指砧木和接穗愈合的能力，共生亲和力是指嫁接成活以后接穗与砧木共生的能力，包括植株的生长、开花结果及果实发育状况。共生亲和力强的嫁接苗生长发育正常，并且比不嫁接的自根苗生长茂盛，如果共生亲和力弱，即使嫁接成活好，但后期生长受阻，表现为发育缓慢，并出现瓜苗发黄、坐果不良等现象。嫁接亲和力与共生亲和力有一定的关系，但两者并非完全一致。如有的砧木种类与西瓜嫁接成活率高，但植株进入伸蔓期或坐果期以后即表现生长受阻、坐果不良或果实不能正常发育成长，而共生亲和力强的种类和品种，嫁接成活率一般都是高的。

瓠瓜［*Lagenaria siceraria*（*Molina*）*Standl*］是葫芦科植物栽培种，根据果形分为 5 个变种：瓠子（var. *clavata*）、长柄葫芦（var. *caugourda*）、大葫芦（var. *depressa*）、细腰葫芦（var. *gourda*）、观赏腰葫芦（var. *microcarpa*）。

瓠瓜与西瓜亲缘近，亲和力强，很少发生共生不亲和现象，种类和品种间差异不大，表现稳定的亲和性，对西瓜品质无不良影响，是目前主要的砧木种类。湖南省园艺研究所 1979 年收集了全国 8 个葫芦品种与西瓜（品种：湘蜜瓜）嫁接，成活率平均 98%，嫁接苗生长良好。

表 3-8　葫芦、南瓜为砧木的西瓜嫁接苗生育情况

砧木名称	总蔓长（cm）	最大叶长（cm）	矮化指数	生长势	砧木胚轴径比接穗胚轴径
	7 月 11 日	6 月 4 日	7 月 11 日	全生长期	
白菊座（中国南瓜）	978	18.8	0.1	弱	75.2
东京芳香（中国南瓜）	799	19.5	1.3	弱	94.7
新土佐（笋 × 中）F1	1136	24.0	0.0	极强	90.7
平和亲善（笋 × 中）F1	1090	23.4	0.0	强	102.7
金丝瓜（西葫芦）	1151	24.5	0.0	极强	94.7
葫芦瓜（葫芦）	1178	22.9	0.0	极强	93.9

注：选自《中国西瓜甜瓜》。

在生产实践中，一般均采用长瓠瓜作砧木嫁接不同品种的三倍体无籽西瓜，只要操作者嫁接技术娴熟，嫁接成活率均可达到 90% 以上，共生亲和力也好，嫁接苗生长十分健壮。

南瓜属与西瓜亲和力不稳定，主要表现为共生亲和力较差，嫁接苗在生长过程中表现部分植株生长不良，且种类和品种间的差异较大。不同变种间以笋瓜（*C. maxima*）、西葫芦（*C. pepo*）为优，中国南瓜（*C. moschata*）、黑籽南瓜（*C. fieifolia*）较差，但笋瓜与中国南瓜杂交育成的新土佐、平和亲善、早生新土佐等品种共生亲和力最优（表 3–8）。

南瓜属以西葫芦的亲和力为好，但由于其下胚轴短，子叶大而薄，嫁接后砧木子叶常因紧贴地面易感染病菌，引起腐烂或枯黄，影响植株生长，其次生长点去掉后，侧芽的萌发力特别强，除萌工作须进行多次。

共砧即利用野生西瓜、饲用西瓜或专门培育抗病西瓜品种作为砧木，具有亲和性好、对西瓜品质无不良影响、结果性稳定等优点，但抗病性不够彻底，前期生长缓慢，目前应用较少。近年来，中国台湾农友种苗公司推出的勇士，是一个理想的共砧品种。

3. 果实品质

关于不同砧木种类与西瓜果实品质关系，一般认为葫芦砧木不影响果实的甜度、质地和色泽、风味，而南瓜砧果实的品质较差，南瓜砧果皮增厚，果肉较硬，食味品质有下降的趋势；西瓜共砧品质好；冬瓜砧对品质的影响，有关试验报道不一，有报道表明，果肉软绵，品质较差，亦有报道称品质良好（表 3–9）。

表 3–9　不同砧木对西瓜果实品质的影响

砧木种类	砧木品种	平均果重（kg）	果皮厚度（mm）	果皮硬度	果肉硬度	糖度（%）	食味品质
冬瓜	Lion 冬瓜	7.15	10.8	11.0	0.75	12.0	差
西瓜	强刚	7.02	10.8	10.9	0.80	12.5	中

续表

砧木种类	砧木品种	平均果重（kg）	果皮厚度（mm）	果皮硬度	果肉硬度	糖度（%）	食味品质
西瓜	耐病 1 号	6.47	11.5	12.1	0.74	12.6	优
西瓜	KSWW	6.58	10.0	11.7	0.74	12.7	优
南瓜	N0.8	9.43	12.5	11.4	0.87	11.9	差
葫芦	FR-7	7.00	10.8	10.0	0.76	11.4	差
葫芦	先驱	6.68	10.5	10.9	0.70	12.0	优

在不同栽培条件下砧木种类与品质表现不完全一致。日本茨城园艺试验场在火山灰高地上对南瓜、葫芦砧木西瓜含糖量进行比较，两者之间没有什么差异；但在北陆地区的沙丘地上栽培新土佐南瓜砧，在没有灌溉设备、蔓的发育弱、产量低的情况下，品质无大的变化，而在有灌溉条件、生长发育良好时含糖量低，肉质明显变劣。香川县在营养条件好的水田早熟栽培中，葫芦砧和实生西瓜没有区别，新土佐南瓜砧含糖量都低于实生西瓜，而在岛屿地区的瘠薄地上，在干旱的坡地以及高温干燥期的栽培中，新土佐南瓜砧和葫芦砧的西瓜在含糖量方面没有差异。

湖南省园艺研究所多年来嫁接栽培实践认为，在水肥充足、氮肥施用量较多的情况下，无论是自根或嫁接株所结的果实含糖量均较干旱情况下的果实为低，南瓜砧的果实含糖量无明显变化，但果实肉质较粗糙，果皮略厚，个别果实似有南瓜味。

日本千叶农业试验场研究砧木与西瓜品质的关系时指出，南瓜砧的钙与镁的含量高于葫芦砧，氨态氮则南瓜砧、冬瓜砧均高，胡萝卜素的比率以南瓜砧为高，不同砧木间全果胶含量无差异，但南瓜砧的水溶性果胶较少，而纤维素高于葫芦砧和西瓜自根的果实，因而南瓜砧的西瓜果实果肉较硬。

以上是选择砧木的几个基本要求，需全面综合考虑，此外尚需根据栽培目的、栽培季节及不同砧木种类对不良外界环境条件适应性一并考虑。

（二）常用砧木种类介绍

1. 长瓠瓜

为南方菜用早熟品种。果实长圆柱形，皮白绿色，植株长势中等，早熟，坐果性稳定，是适宜于西瓜早熟栽培品种，但耐热和耐旱性较差，容易引起早衰，有时发生急性凋萎。

2. 圆葫芦

属大葫芦变种。果圆或扁圆，生长势强，根系深，耐旱性较强，各地均有零星栽培。适于高温期栽培的砧木品种，但水田栽培其坐果性不稳。

3. 长颈葫芦

果实长纺锤形，生长强健，根系发达，抗旱，耐湿，适应性强，坐果较稳定，是露地栽培的优良砧木品种。

4. 相生

日本引进的西瓜专用砧木，是葫芦的杂种一代。嫁接亲和力强，生长强健，较耐瘠薄，低温生长性好，坐果稳定，是适于西瓜早熟栽培的砧木种类。唯抗病性已有所衰退。二代种子果形分离，由于长势和坐果稳定，仍可用作砧木。

5. 新土佐

是南瓜属中较好的西瓜砧，该品种是笋瓜与中国南瓜选配的杂种一代。作西瓜砧木亲和力强，较耐低温，长势强，抗病，早熟，丰产，对果实无明显的不良影响。有资料表明，它不是所有西瓜品种的适宜砧木，因此在大面积推广前应作预备试验。

6. 勇士

西瓜共砧 。抗枯萎病，生长势强，在低温下生长良好，亲和性强，坐果稳定，果实品质、风味与自根西瓜相似，嫁接前期生长慢，进入开花坐果期生育旺盛。

7. 超丰 F1

是郑州果树所培育的葫芦杂交一代砧木品种，与西瓜嫁接亲和性好，共生亲和力强，高抗西瓜枯萎病，叶部病害也有所减轻，产量高，其杂种优势在嫁接苗上有充分的显示。

中国有丰富的西瓜砧木资源，须进行搜集研究，从中筛选出适于不同栽培方式的专用砧，并在此基础上开展砧木品种选育。浙江农业大学园艺系1993年曾在全国搜集了27份葫芦品种，从中选出2个适于露地丰产栽培的砧木品种。

关于葫芦砧的急性凋萎问题，已引起科研和生产单位的重视，其典型症状是叶片在晴天白天萎蔫，夜间恢复，3~4 d后加重，严重时整株枯死。检查发现茎的维管束变褐色，根颈处表皮褐色，部分老根腐烂，但嫁接口部位以上无异常发现。发生原因多数认为是生理障碍，如在连续阴雨光照弱的环境下，天气突然转晴，由于砧木根系分布浅，根的吸收力低，叶面蒸腾量骤增，根系吸收不能适应叶面蒸腾而发生凋萎；整枝过度，抑制了根系的生长，加深了吸收与蒸腾之间的矛盾，致使凋萎加剧。可以通过栽培技术措施解决，湖南省大面积推广嫁接栽培实践经验是，土层深厚，基肥质量好，有机质含量丰富，瓜苗生长健壮，病虫害少，整枝适度并覆盖了地膜，保水能力较好的田块一般不发生或极少发生急性凋萎。

四、嫁接的成活及生理

（一）嫁接成活过程

西瓜子叶苗的胚轴中维管束数目是6束，而葫芦、南瓜基本上是10束，也有6束的。维管束的横断面为椭圆形，子叶展开的方向较粗，同时维管束的排列间隔、粗细有不均匀的现象，但这种差异不会引起嫁接的成活率和亲和性方面的差异。特别值得指出的是瓜类作物的维管束都是双韧维管束，以木质部为中心，外侧内侧均有韧皮部，以同心的方式分布于茎的四周，嫁接操作时，只要砧木与接穗的削面平滑，两者能够紧密相接，它们的形成层接触面就会多，容易愈合，成活率高。

中森（1968）根据接合部组织的变化特征将砧木与接穗愈合的过程分为四个阶段。

1. 接合期

砧木和接穗的切削面组织机械接合，形成接触面，愈伤组织尚未发生，约经 24 h 后可进入第二阶段。

2. 愈合期

砧木和接穗削面的内侧开始分化愈伤组织，致使彼此开始靠近，并能开始养分和水分的交流，直到接触层开始消失之前。

3. 融合期

砧木、接穗的愈伤组织紧密连接，致使接触层开始消失，细胞旺盛分裂，直到砧木、接穗新生维管束开始分化之前。

4. 成活期

砧、穗愈伤组织中发生新生维管束，彼此连结贯通，实现了真正的共生。

马子华（1991）通过切片观察，对嫁接成活过程中各个时期组织结构的演变特征作了比较详细的说明。

接合期无论是横切片或纵切片，都清楚地看到砧木、接穗结合部位的组织结构未发生任何变化。

愈合期观察到所有的切削面都能发生愈伤组织。但是最先观察到的愈伤组织细胞发生于砧、穗紧贴的接触层内侧，可见砧木、接穗对于愈伤组织的发生彼此间都有积极的诱导作用；愈伤组织在砧木中较接穗中发生得早，而且数量大，表明砧木在成活过程中起着主要作用。愈伤组织不仅由维管束中形成层分化发生，而且砧、穗部位的薄壁细胞也都具有发生愈伤组织的分生能力；在愈伤组织细胞中，多处发现无丝分裂现象，这种分裂过程比较简单，能量消耗少，分裂速度快，有利于嫁接成活进程。

融合期的切片中观察到砧木、接穗间接触层的完全消失往往是在成活之后的共生中实现的，其延续时间的长短取决于结合部位砧木、接穗彼此间隔的大小，大则需时间长、小则需时间短。

成活期观察到在砧木、接穗维管束分化、连接的过程中，接穗起着先导作用，接穗较砧木分化得早，新生输导组织的数量多，它是由原来的小维管束逐渐变成了大维管束形成的，两种形式分化的结果，使维管束由规则排列变为不规则排列，进而整个接穗部分布满输导组织，呈现维管束混合群体，发生不定根初生结构，有时可以形成不定根组织，横穿砧木向外伸展。在砧穗空隙大的部位均不发生新生维管束的分化。

钱伟等（1994）以亲和力强的西瓜/葫芦和亲和力弱的厚皮甜瓜/葫芦为材料，比较成活过程的解剖结构变化。

西瓜和葫芦嫁接 1 d 后，砧木和接穗切面均未发生变化，两者之间是嫁接操作切伤的细胞层（隔离层），它们可被番红染色。嫁接后 3 d，可见接穗和砧木之间形成了规则排列的愈伤组织。愈伤组织先从接口内侧的细胞开始，分裂面常与隔离层平行，接穗和砧木的所有薄壁细胞均可参与形成愈伤组织，接穗的细胞分裂数量明显多于砧木，大约是后者的 3 倍。嫁接后 6 d，接穗和砧木之间的间隙已逐渐被愈伤组织所填满，两侧的愈伤组织相向交错生长，某些区域已不易分清。愈伤组织在维管束附近最多，并出现导管分子，而在髓部较少，嫁接后 9 d，接穗和砧木之间的愈伤组织已分化出维管束分子，其输导组织已完全贯通，隔离层已完全消失，很难区分哪部分是砧木或是接穗的组织，两者完全融合。据此初步确定嫁接后 1 d 为接合期，第 2~6 d 为愈合期，第 7~10 d 为融合期，11 d 以后为成活期。

西瓜与葫芦嫁接后 3 d，在其扫描电镜切片上就可观察到针状的结晶体。随着嫁接时间延长，结晶体的数量增加，而且形态上从针状、棒状向折扇状和簇状发展。结晶体主要发生在砧穗切面愈伤组织上，其他部位很少，且接穗愈伤组织较多，砧木愈伤组织较少。

甜瓜与葫芦愈伤组织形成较慢，数量少，穗砧间空隙较大（形成表皮毛），输导组织不发达，成活过程较慢，1~4 d 为接合期，5~9 d 为愈合期，10~13 d 为融合期，14 d 进入成活期，较长的结合期和愈合期造成嫁接成活率低，表现亲和力低。愈合面小、输导组织不发达影响嫁接苗的生长和共生亲和力。在扫描电镜切片上结晶体出现较迟，数量少，形态上只发现针状和簇状 2 种，根据结晶体的形态可能是草酸钙。由此推断钙与愈伤组织及结晶形成一定的关系，最终影响成活。

关于嫁接成活过程中是砧木还是接穗起主要作用，学术界有争论。马子华等（1992）在西瓜和葫芦的嫁接组合中观察到砧木的愈伤组织发生早、数量多，认为是砧木在起主要作用。也有研究发现无论是亲和力高的西瓜与葫芦，还是亲和力低的甜瓜与葫芦嫁接组合中，均是接穗的愈伤组织发生早，数量多，这与许多研究者的结果一致（Stoddard and mecully，1979；Yeoman 等，1983）。然而嫁接成活过程应当是砧穗双方共同参与的结果，单纯强调某一方面的重要性似乎意义不大。

（二）嫁接生理

西瓜嫁接亲和生理资料不多，现就甜瓜不同砧木嫁接苗有关亲和性问题作如下介绍：

1. 砧木留叶对共生亲和力的影响

共生亲和力差的甜瓜/葫芦，在砧木上留 2~4 叶，接穗甜瓜生长正常，结成商品果。以甜瓜为接穗，以亲和力不同种类为砧木，研究砧木留叶对甜瓜生育的影响，结果表明亲和力差的葫芦砧留叶数与接穗生长成正比，摘除砧木叶，主蔓生长停止，1~2 d 后全株枯死；而亲和力强的新土佐南瓜砧，留叶数与生长量之间的关系不明显（图 3-1）。C. Daskloft 认为，甜瓜/南瓜只有砧木上保留叶片，嫁接苗才能正常生长并结果，获得高产，否则嫁接植株死亡。以上结果表明，共生亲和力差的组合得以正常生长并结果是由于砧木叶片的存在。

2. 砧木留叶对根系生长的影响

砧木留叶促进根系的生长，随着留叶数的增加，根系增加（图 3-2）。从砧木全切除区的发根数、根长看，以亲和力强的新土佐最好，次为白菊座南瓜，最差是葫芦。可见，根系与亲和力强弱的关系，但砧木留叶影响接穗的生长，留叶愈多，影响愈大。

3. 砧木留叶与嫁接苗根系生长的相互作用

共生亲和力基本上受砧木的根系支配，在亲和力强的嫁接组合根系发育所需的物质由接穗叶片的同化产物提供，根系得到充分的发育，而共生亲和力差的嫁接组合，接穗叶片的同化产物不能被根系所同化，抑制了根系的生长，表现为不亲和，如果保留砧木上一定的叶片，则保证了根系生长所需的物质，从而克服了不亲和的现象。C. Daskloft 认为甜瓜/南瓜只存在单方面的亲和力，就是砧木上保留能供给根系同化物质的叶片时，甜瓜接穗才能正常生长，否则嫁接苗死亡。由此认为，南瓜与甜瓜的亲和力归因于生物化学和生理性质上的不协调性。

Stigter 进行解剖学观察，发现砧木切除叶片后，首先引起筛管组织的破坏，由此推论砧木叶片的存在可能对砧木筛管组织供给某种特殊物质，使其机能进行正常的活动，这些物质可能是激素。

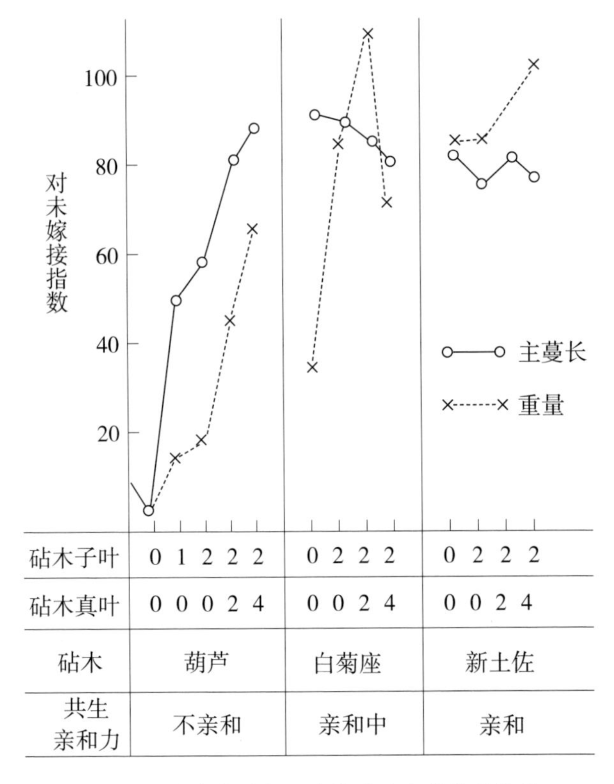

图 3-1　砧木留叶与甜瓜接穗及主蔓长的关系

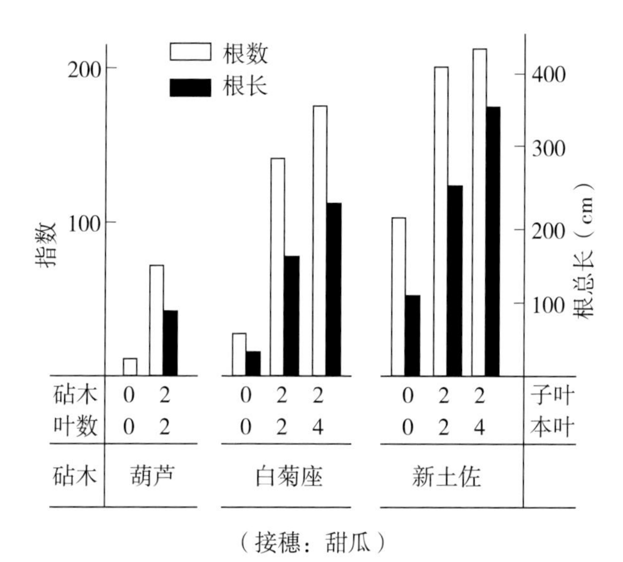

图 3-2　砧木留叶对发根的影响

五、嫁接方法及嫁接苗的管理

（一）嫁接方法

三倍体无籽西瓜的胚轴较粗壮，无论用哪种嫁接方法，均要求砧木苗也要十分粗壮，才便于操作，保证嫁接苗的成活率。无籽西瓜种子播后覆土要稍厚，可达 1 cm 或大于 1 cm 均可，以使其胚轴长的稍长，而砧木种子则要播得较稀，苗床酌施基肥，并在较低的温度下生长，砧木苗会长得较矮壮。

1. 劈接法

砧木应比接穗先播种，提前播种的天数根据选用的砧木种类而定。瓠子或葫芦作砧木，先播 7~10 d，或在砧木顶土出苗时播接穗。如用南瓜作砧木，南瓜比瓠子和葫芦发芽快，苗期生长也较快，接穗的播期距砧木的播期可相应缩短。砧木以第一片真叶露头、接穗出土子叶尚未平展或刚刚平展为嫁接的最适时期。砧木苗龄过大时，接穗可能插入胚轴的髓腔，常易发生砧穗愈合不良或接穗发生不定根自髓腔中空部位往下长，达不到嫁接换根的目的。接穗苗龄过大，蒸腾量大而引起凋萎，影响成活。因此应计算好砧木与接穗的播种期，并人为控制苗床温度的高低来调节砧穗苗的适当大小，也是嫁接成活的关键之一。以下为关键操作要点：

（1）取苗：嫁接一般在室内进行，首先将砧木和接穗从苗床挖取，砧木根群过长者适当剪短，保留 2~3 cm 即可，但不可伤及子叶与胚轴。接穗拔取后，置清水中轻轻洗净泥沙，种壳未脱去的，要轻轻剥除。

（2）劈砧木：先将砧木苗的真叶和生长点去掉，用刀尖于胚轴的一侧自子叶间向下劈开，劈口长度 1.5 cm 左右，只劈一侧，不可将胚轴全劈开，否则子叶向两边披开下垂，无法固定接穗，难于成活。

（3）削接穗：将接穗离子叶 1~1.5 cm 处朝根部方向斜削两刀，使其成楔形，削面长 1~1.5 cm，将接穗插入劈口，使两者的削面紧贴，用棉线捆扎，或以专用小塑料夹固定。此法易为初学者掌握，接口用线条或夹子固定，砧木和接穗的削面人为加以靠紧，便于愈合，成活率高。但砧木的维管束只在插入的一面发达，另一面不发达，嫁接成活解线和松夹以后，若遇强寒流、低温，保护措施不力，接口容易破裂，严重时接穗还会掉落（图 3-3）。

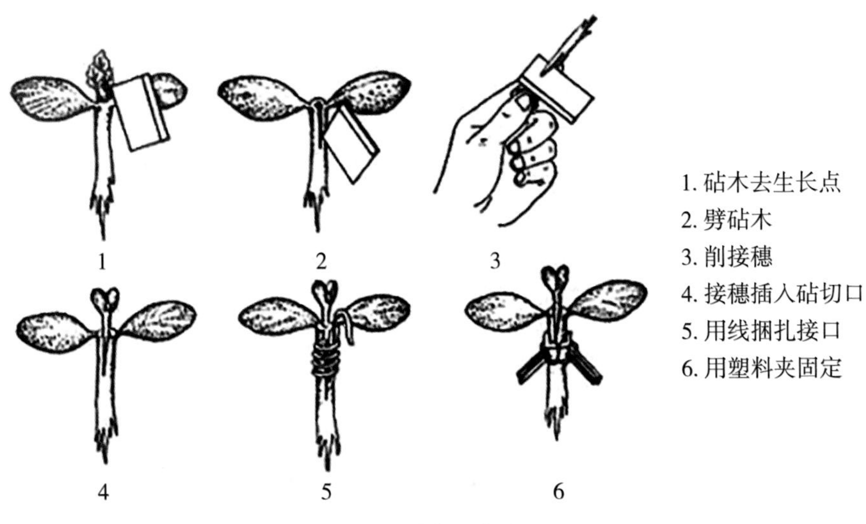

图 3-3　劈接示意图

2. 插接法（顶插接）

应用此法，可将砧木从苗床拔出在室内进行，也可不拔出砧木在苗床就地进行。插接不需捆扎，能节约用工用线，但技术要求较高。插接使用的工具只需一根竹签，一块刀片。嫁接时先将砧木生长点去掉，以左手的食指与拇指轻轻夹住砧木的子叶节，右手持小竹签在平行于子叶方向斜向插入，即自食指处向拇指方向插，以竹签的尖端正好到达拇指处为度，竹签暂不拔出，接着将西瓜苗垂直于子叶方向下方约 1 cm 处的胚轴斜削一刀，削面长 1~1.5 cm，称大斜面，另一面只需去掉一薄层表皮，称小斜面，拔出插在砧木内的竹签，立即将削好的西瓜接穗插入砧木，使大斜面向下与砧木插口的斜面紧密相接。插接方法简单，只要砧木苗下胚轴粗壮，接穗插入较深，成活率就高，又不需捆绑和解绑，工效高，是目前生产上用得较多的一种嫁接方法，技术熟练者 1 人 1 d 可接 1500~2000 株（图 3-4）。

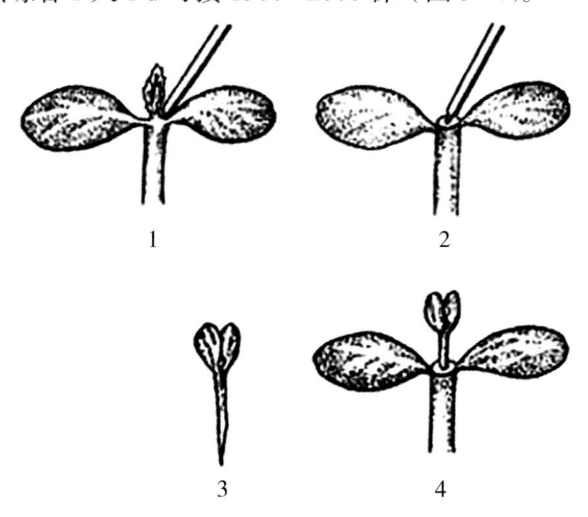

图 3-4　顶插接示意图

顶插接法应提前一周播种砧木苗，接穗西瓜催芽播种，待西瓜苗子叶开展即为嫁接适期。如果采取苗床就地嫁接，播种砧木时种子应排列成行，出苗后子叶展开的方向与床平行，嫁接时操作方便，若在室内嫁接则应采用营养钵培育砧木苗。

3. 靠接法

靠接法又称舌接，砧木和接穗自苗床拔取时两者的根系均应保留，嫁接时先在砧木胚轴离子叶节 1 cm 处，用刀片作 45° 向下削一刀，深及胚轴的 1/3~1/2，长约 1 cm；在接穗的相应的部位向上斜削一刀，深度、长度与砧木劈口相等，砧木与接穗舌形切片的外侧应轻轻削去一薄层表皮，将两者的切片相互嵌入，捆扎固定，并同时将砧木与接穗栽入育苗钵，置苗床培育。栽苗时接口须离土面 3~4 cm，避免西瓜接口着泥生根，经 10 d 左右接口愈合，及时切断西瓜的根茎部以及去掉砧木的生长点并及时解除捆扎物，以免紧靠接口的下部发生不定根。此法因接穗带根嫁接，苗床保湿管理不如劈接、插接要求严格，成活率高，但操作较麻烦，工效低。

靠接法要求砧木和接穗苗的高度尽可能相近，因此接穗的播期应比砧木提前 5~7 d，接穗第一真叶显露、砧木子叶充分平展为嫁接时期（图 3–5）。

图 3–5　靠接示意图

4. 芯长接

利用西瓜发育枝的切段或生长点嫁接在子叶期的砧木上，即接穗较粗、砧木较细。方法是粗的枝条切段采用单叶切接，细的嫩枝则以顶插接（图 3–6），应用此法可提高繁殖系数，缩短育苗期，如三倍体无籽西瓜的组织培养苗以及用其他生物技术诱导的试管苗均可用这种嫁接方法快速培育成为能定植大田的瓜苗。砧木最好于冷床培育，尽量使下胚轴粗壮一些。用此法嫁接，因接穗的木质化程度较高，砧穗的愈合较前3种方法稍慢，管理更应细心周到，否则影响成活。

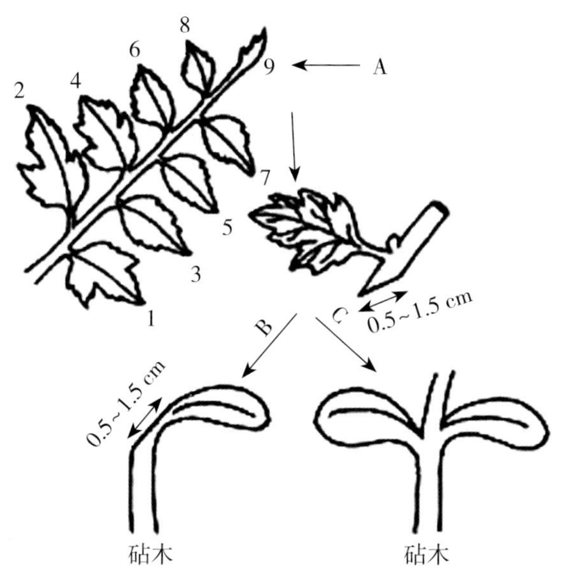

切取接穗（A. 1~7节各为一节，8~9为两节 B. 单叶切接 C. 顶插接）

图3-6 芯长接示意图

5. 二段接

将西瓜接在葫芦上，以葫芦作为中间砧，主要目的是解决南瓜砧共生亲和力较弱以及葫芦砧抗病性不及南瓜砧的问题，同时可以避免南瓜砧对果实品质的不良影响。嫁接方法可用劈接或插接。如果一段接有效，就没有必要采用二段接。

6. 断根接

嫁接时将砧木的根自根颈下部切断，采用劈接或插接法。断根的目的是防止砧木徒长，更新根的生活力。砧木幼嫩的、切断位置低的容易发根，砧木老化或切断位置高的不易发根。葫芦与南瓜砧的根再生能力强，且易发生不定根，不论是采用劈接或插接，嫁接后，假植前将过长的根剪除，亦有利于新根的再生。

（二）嫁接苗的假植与培育管理

1. 假植

瓜苗嫁接后必须在苗床保温培育，这种床称为假植床。假植床的制作可参看本文无籽西瓜育苗一节。嫁接苗伤口愈合期内要求比较高的温度，在有条件的地方最好制作酿热温床或利用电热线加温，以保证嫁接的成活率高。不论用什么床均要铺一层 8~10 cm 厚的优质土肥，嫁接苗假植其上，成活以后可以迅速吸收土肥中的养料，供幼苗生长发育的需要。

嫁接苗假植株行距为 10 cm × 12 cm，嫁接一批假植一批，假植后随即浇水。劈接法接口处绑有线条或有专用夹固定，清水可往瓜苗上喷洒，接口处沾有水对成活无影响。插接法只能在行间床土上浇水，以免冲落接穗，浇水后立即将棚膜盖好。

2. 培育管理

嫁接成活率的高低虽与嫁接技术有关，但更重要的是嫁接后的管理。管理不当，即使嫁接技术很好，成活率也会很低。假植床的管理主要有下述几个方面的工作：

（1）温度管理。嫁接苗伤口愈合的适宜温度是 22~25℃，有加温设备的假植床容易控制温度的高低，仅有酿热物的假植床，应尽量保证酿热物的质量，于假植前一个星期左右做成，使发热期得到最合理的利用，但床内温度最高不要超过 35℃，最低不能低于 20℃，寒潮期不要勉强嫁接，否则成活率低，造成失败或损失。为了避免瓜苗徒长，6~7 d 后应增加通风时间和次数，适当降低温度，白天保持 22~24℃，夜间 18~20℃。定植前 1 周应让瓜苗逐步得到锻炼，晴天白天可全部打开覆盖物，接受自然气温，但夜晚仍要覆盖保温。

（2）湿度管理。嫁接苗在愈合以前接穗的供水全靠砧木与接穗间细胞的渗透，其量甚微，如假植床空气湿度低，蒸发量大，接穗失水凋萎，会严重影响嫁接成活率。假植床空气相对湿度应保持在 95% 以上，假植后浇一次透水盖膜，2~3 d 可不进行通风，床内薄膜附着水珠是湿度合适的表现。3~4 d 后可根据天气情况适度通风。假植床保温保湿是发病的有利条件，为避免发病，床土应进行消毒，带病的砧木或接穗严格清除。只要床土不过干，接穗无萎蔫现象，不要浇水。

（3）光照管理。嫁接苗假植以后应采取遮光措施，遮光是调节床内温度、减少蒸发、使瓜苗不萎蔫的重要手段。方法是在拱棚膜上覆盖竹帘、草帘或黑色薄膜等物。嫁接后 3 d 内，晴天可全日遮光，以后逐渐缩短遮光时间，直至完全不遮。遮光时间的长短也可根据接穗是否萎蔫而定，嫁接一星期内见接穗萎蔫即应遮光，一星期以后轻度萎蔫亦可不遮或仅在中午强光下遮 1~2 h，使瓜苗逐渐接受自然光照。

（4）解线。劈接法嫁接者，在假植床培育 10 d 左右，砧木与接穗已基本愈合，这时应将绑扎在接口处的线条解除。若是采用专用塑料夹固定伤口的，此时也要将夹子撤去。解线撤夹不可过早也不可过晚，过早伤口尚未愈合，接穗有掉落的危险，过晚线条会勒入胚轴，形成一道道伤痕，影响瓜苗生长。若线条已嵌入胚轴，勉强解除，瓜苗多被折断。但线条必须解除，否则瓜苗不能长大。解线撤夹宜在晴天进行，不可顶着低温寒潮天气操作，以防受冻接穗掉落。

（5）装钵。嫁接苗成活后，须移入育苗钵继续在拱棚薄膜苗床培育，以便带土移栽。装钵时如砧木根系太长，须适当剪短，保留 4~5 cm 长度为宜，使根群舒展。由于根系受损，强光下可能出现萎蔫现象，仍须适当遮光。如选择傍晚或阴天移栽，或栽后用菜叶、树叶遮阴，也可由假植床直接取苗定植大田，不必再经育苗钵培育。特别是在商品化育苗基地培育的嫁接苗，是不可能装钵的，否则不便于运输，所以更应重视定植后的管理。

（6）抹除砧木腋芽。砧木子叶间长出的腋芽要及时抹除，以免影响接穗生长，但不可伤及砧木子叶，即使是亲和力最好的嫁接苗，若砧木子叶受损，前期生长受阻，进而影响后期开花坐果，严重时会形成僵苗，因此，在取苗、嫁接、假植、装钵、定植等操作过程中均应小心保护瓜苗子叶。

六、嫁接育苗栽培管理技术要点

因为无籽西瓜的雌花必须有二倍体有籽西瓜的雄花授粉才能坐果。因此在培育无籽西瓜嫁接苗的同时，务必按比例计划培育一定数量的二倍体有籽西瓜嫁接苗，二倍体西瓜植株苗期较无籽西瓜生长快，可在完成无籽西瓜苗的嫁接后，再嫁接二倍体西瓜，砧木与接穗的播期亦可计算日子相应推迟，但授粉品种与无籽瓜的花期必须相遇。

嫁接苗由于砧木根系发达，吸肥力强，基肥和苗期追肥如施用过量，易出现生长过旺，影响雌花的出现和延迟坐果，故应适当减少基肥及苗期追肥的用量，瓠子砧可较自根苗减少 20%。坐果以后则根据植株的长势灵活掌握。

嫁接苗较自根苗长势旺盛，主蔓较长，侧枝萌发快，因此种植密度较自根苗应适当降低，并及时整枝，不宜放任生长。

瓠子、葫芦砧的嫁接苗，由于其根系较浅，耐旱性不及西瓜自根苗，在生长后期遇高温干旱的情况下，如供水不足，蔓叶容易萎蔫，故应加强后期的肥水管理。

西瓜嫁接栽培的目的是预防土壤传染的枯萎病，该病在西瓜栽培老区危害严重，新区一般不发生，因此，新区种瓜不必采取本措施。由于西瓜嫁接栽培能预防枯萎病，往往忽略了轮作，同时嫁接苗经过温室、温床育苗，增加了感病的机会，有可能预防了枯萎病，却诱发了炭疽病等其他病害。因此，西瓜嫁接栽培虽可减少轮作年限，但仍不可连作，并须注意其他病害的发生，采取相应措施进行防治。

嫁接栽培，切不可用压蔓的措施固蔓防风，宜在畦面铺麦秆或茅草供卷须缠绕固定瓜蔓，以防发生不定根。

第五节　无籽西瓜的主要栽培模式

我国三倍体无籽西瓜栽培分布地域广阔，主要产区有湖南、湖北、河南、山东、安徽、江西、广西、海南、台湾、北京、陕西等省（自治区、直辖市）。

为适应不同产区的气候、土壤条件及栽培习惯等。生产上形成了地膜覆盖栽培、塑料棚设施栽培、间作套种栽培等多种栽培模式。

一、地膜覆盖栽培模式

无籽西瓜地膜覆盖栽培是应用最广泛的栽培模式，占无籽西瓜栽培总面积的 90% 以上。地膜覆盖是将厚度为 0.015~0.02 mm 的薄膜或 0.08~0.015 mm 的超薄聚乙烯薄膜覆盖地面的一种栽培方式，自 20 世纪 80 年代推广应用以来，发展迅速，很快得到普及。地膜覆盖的方式有全膜覆盖和半膜覆盖，全膜覆盖即整个畦面均覆盖地膜，半膜覆盖仅以 80~100 cm 宽幅的地膜覆盖定植带畦面。

我国生产的地膜种类有：普通地膜、高密度聚乙烯地膜、线性高压低密度聚乙烯地膜、共混地膜和杀草地膜等。幅宽有 60~200 cm 多种。作用和性能各有其特点，可根据畦宽和覆盖方式进行选择。西瓜对某些除草剂有敏感性、应慎重选用杀草地膜。在西瓜生产上应用最广的为无色透明膜。近年我国台湾和海南等省广泛使用一面为银色、另一面为黑色的银黑二色膜（即共混地膜），银色面具反光作用，可驱除蚜虫、蓟马，减少病毒病的发生，黑色面可防治杂草。

无籽西瓜地膜覆盖栽培有两大作用：一是避免土壤板结，提高土壤温度，疏松的土壤和适宜的土壤温度有利于无籽西瓜根系的生长发育；二是有效地减少土壤水分的蒸发，防止肥水流失，有利于微生物的活动和肥料的分解，因而增加了土壤中有效养分的含量。良好的根系和土壤中有效养分含量的提高，促进了无籽西瓜生长发育，增产显著。

由于地膜覆盖的增温、保湿、早熟、增产效果十分明显，在无籽西瓜栽培上得到广泛应用，尤其早春气温低的北方，如河南、河北、山东、陕西、北京等无籽西瓜生产基地，基本上实现了无籽西瓜栽培地膜覆盖化。南方如湖南、广西、广东、江西等无籽西瓜出口基地，地膜覆盖作为无籽西瓜高产优质栽培的重要措施，也已经普遍应用。

（一）地膜覆盖的技术要点

无籽西瓜地膜覆盖的主要技术要点如下：

1. 精细整地，清除杂草

由于地膜覆盖栽培西瓜通常后期不进行中耕，地膜覆盖前深耕整地，彻底清除杂草极为重要。

2. 施足基肥

基肥种类以迟效性的有机肥为主，适当增施磷钾肥，严格控制速效性氮肥的用量。每公顷栽培面积施优质氮肥（50% 猪牛栏粪草、50% 土杂肥和沟肥、凼肥、易腐烂的草皮、过磷酸钙等冬前在安排种植西瓜地边堆制而成）45000~60000 kg、饼肥 250 kg、复合肥 375 kg。70% 的肥料结合深耕整地时在距瓜行 50 cm 处顺行向开沟深施，另外 30% 的肥料作全田撒施。不管是采用沟施还是撒施，肥料必须施入土中。这样既可保证苗期稳长，又使西瓜坐果后不脱肥早衰。

3. 盖膜方法

可分先盖膜后移栽和先移栽后盖膜两种，前者是在土壤水分适中（一般在雨后，地面稍干爽时将膜铺上，使膜紧贴畦面，四周封严，移栽时按定植瓜苗的位置将膜剪成“十”字形的开口，然后栽苗。该方法盖膜质量好，但移栽时比较麻烦。后者是在土壤水分适中时，将瓜苗移栽于畦面上，盖膜时在瓜苗定植的位置上将膜剪成“十”字形的开口，使瓜苗露在外面。该方法移栽时较为方便，但盖膜费工，且地膜效应得不到充分发挥。不论用哪种方法都应在定植或盖膜后将瓜苗周围的地膜开口用土封严，以便更好地发挥地膜的保温效应。结合移栽，可施用经充分腐熟的稀薄粪水，保证盖膜初期有足够的水肥供应。

盖膜时间应选择晴天无风的上午或傍晚进行，避开中午炎热时间。以防止膜在高温情况下膨胀延伸时铺平压牢后，早晚遇冷收缩拉扯撕裂。

4. 盖膜要领

地膜覆盖方式有全畦覆盖和瓜行（垄）覆盖两种。前者的增温保湿效果好，后期管理较方便，但施肥不方便，后者增温保湿效果较差。盖膜总的要求是铺平压牢，紧贴畦面，四周封严实。这样能较好地发挥地膜覆盖栽培的增温、保湿、提高土壤中有效养分含量等作用。盖膜时要防止土壤过干或过湿，土壤湿度控制在含水量 17% 左右（即手捏成团，掷地即散）。沙性土壤含水量可适当增加（但不超过 20%）。

（二）地膜覆盖栽培要点

1. 播前准备

选择 5 年以上未种过西瓜的沙壤土，播种前做好整地、施肥等准备工作。南方春季雨水多，为防止畦面积水引发病害，采用深沟、窄高畦栽培；北方雨水少，采用平畦或垄沟栽培。

2. 关键措施

（1）适时播种。播种期的确定应根据栽培季节、市场需求等具体情况考虑。春季直播的播种期，南方应根据当地最终强寒潮、北方应根据绝对终霜期来确定，以防止瓜苗遭受冻害。

（2）足墒、大芽、浅播。播种时土壤底墒一定要足，适宜土壤相对湿度为 75%~80%，即"手捏成团，落地即散"，若墒情不足，应在瓜行或瓜穴内浇水，以满足西瓜出苗时对水分的需要，足墒是保证无籽西瓜出苗快、出苗齐的重要条件。直播的种子催芽时间要稍长，选 1.5 cm 长的大芽进行播种。

（3）速盖地膜保温保湿。无籽西瓜浅播浅盖土有利于出苗早、成苗率高，但由于覆盖在种芽上的表土薄，易被风吹干，导致种芽失水枯死，故播种后必须马上盖膜，以减少土壤水分蒸发，提高土温，促进出苗。

（4）及时破膜放苗和人工去壳提高成苗率。无籽西瓜苗出土以后，在膜下时间过长容易形成高脚苗，尤其晴天容易造成灼伤死苗，必须及时将瓜苗放出膜外，让其在自然条件下生长。晴天破膜放苗应在下午太阳光照减弱时进行。若在上午到下午3时前放苗，瓜苗在强光照下容易失水萎蔫。破膜时可直接用手将瓜苗上方撕开一小口、将瓜苗地上部分露出地膜，周围用土封严。由于无籽西瓜的种胚不充实，容易带壳出土，破膜放苗后应及时进行人工去帽。

二、塑料拱棚设施栽培模式

在地膜覆盖栽培的基础上，搭建大棚或小棚进行无籽西瓜设施栽培，在北方产区可以取得早熟、增产的效果；在南方产区除了春季能早熟，秋季延迟上市期、延长供应期外，还具有避雨、减轻病害的效果。

图3-7　塑料拱棚设施栽培

20世纪80年代以来，山东农业大学、山东省农业科学院蔬研究所、莱州市园艺研究所、昌乐县西瓜研究所先后进行了无籽西瓜大棚栽培技术的研究与开发，均取得了良好的效果。山东省的潍坊、德州、济宁，陕西省的渭南，北京市的大兴，河南省的中牟、通许、安阳等地采用大棚无籽西瓜栽培，都获得了较好的经济效益。

（一）大棚的种类

大棚种类很多，有钢管结构、水泥结构和竹木结构等不同类型。

主要有由中国农业工程研究设计院设计，安徽拖拉机厂制造的GP型系列装配式镀锌钢管大棚，有4 m × 30 m、6 m × 30 m、5 m × 42 m、10 m × 66 m四种规格。

由中国科学院石家庄农业现代化研究所设计，石家庄建筑机械厂制造的PGP型系列钢管大棚，有5 m × 30 m、7 m × 50 m两种规格。

由湖南省长沙市蔬菜研究所生产的GGB系列水泥骨架塑料大棚，有6.2 m×2.2 m、6.2 m×2.3 m、6.2 m×2.4 m三种规格，标准长度为30 m。用户还可根据需要选配下列长度：10 m、15 m、20 m、25 m、35 m、44 m、45 m等。

竹木结构大棚跨度一般为4 m，高为1.8 m，长度为20~30 m，可就地取材，规格可依据生产条件自行决定。

（二）建棚注意事项

建棚时应该注意以下几点：一是选择地势较高、利于排水的地段建棚，做到大雨过后不积水；二是注意透光性，在南方早春阴雨多、膜内光照弱的地方建棚，以跨度为4~5 m 、中高1.9 m以上、长30~40 m为宜；三是盖膜时膜一定要绷紧，棚膜下部四周20~30 cm要埋入压膜沟中固定，用泥封好；四是大棚应易于安装，便于拆迁，因为西瓜不能连作；五是结构牢固，防风性能应良好，造价低，便于广大瓜农接受。

（三）北方大棚栽培技术要点

北方大棚栽培的形式多样，其中以塑料大棚内套小拱棚，小拱棚下覆盖地膜，小拱棚外面夜间盖草苫最为普遍。大棚在封冻前建成，大棚里的小拱棚和草苫分别在育苗和移栽前10 d做好准备。瓜苗于2~3月定植，定植的行距为2~2.5 m，株距50 cm左右，每公顷定植7500~9000株，授粉品种可单独栽植。

棚内温度的管理：移栽后5~7 d密闭棚膜提高温度，使地温保待在18℃以上，促进缓苗。缓苗后开始放风，生长前期棚内温度28~32℃，白天保持28~30℃，夜间不低于15℃。伸蔓期的温度，白天控制在25~28℃，晚上不低于15℃。坐果和果实发育期的温度，白天保持在28~32℃，夜间维持在17℃以上。

（四）南方大棚栽培技术要点

南方大棚栽培一方面是利用大棚的保温效果进行早熟或秋延迟栽培，另一方面是避雨、减轻病害。作为避雨栽培的大棚，可将棚四周膜卷起或用防虫网代替。南方大棚栽培定植的行距为 2~3 m，株距 50 cm 左右，每公顷定植 6000~8000 株。

南方无籽西瓜大棚栽培起步比北方晚，但发展快。广西、湖南、广东、海南、江西、浙江、江苏等南方无籽西瓜栽培区，采用大棚和地膜膜下滴灌相结合的栽培方式，取得了早熟、增产、增收的显著效果。经过不断地探索和总结，形成了大棚无籽西瓜“二膜一管”（即大棚—地膜—膜下滴管）早熟、秋延栽培模式，使西瓜采收期提前到 5 月中旬开始，至 9 月底结束，比常规栽培提前 30~40 d 上市，并可多次分批开花坐果，多次采收，延长供应期近 2 个月。

图 3-8　南方大棚栽培

（五）小棚栽培技术要点

小棚栽培是指在无籽西瓜生长前期进行设施栽培，后期外界气温升高后将小棚拆除仍为露地栽培。采用小棚栽培无籽西瓜可比同样条件下的露地栽培提前成熟 7~10 d，具有生产成本低、效益显著的特点。

三、无籽西瓜间作套种栽培模式

在许多地区由于耕地资源有限，无籽西瓜与粮食和其他经济作物争地的现象时有发生，为了解决这一矛盾，各西瓜产区根据当地生产条件，因地制宜地创造了无籽西瓜与多种作物间作套种或轮作的栽培模式，如瓜粮间作、瓜棉间作、瓜菜间作等。主要模式有：

（一）麦—瓜—稻轮作套种栽培

小麦、无籽西瓜、水稻的轮作套种栽培模式广泛应用于南方地区，以江汉平原地区为典型代表。套种的小麦品种一般应选耐肥、抗倒伏、5 月中下旬成熟的早熟品种，使之不影响西瓜苗期生长和开花坐果期茎叶生长所需的空间。套种的无籽西瓜一般选耐低温、易坐果、能在 7 月下旬前采收完毕的中早熟品种，以保证 7 月底前能完成晚稻的插秧。

套种的方法：一般是在小麦于上年 10 月下旬播种前，按 4~5 m 分畦整地、施肥，畦的两边预留 0.5~0.8 m 宽的瓜行后播种。麦田预留的瓜行一般以东西向为好，因东西向的日照时数明显大于南北向。在江汉平原及长江中下游地区，采用 4~5 m 宽的高畦，在畦两侧留瓜行，宽度以 80 cm 左右为宜。无籽西瓜于当年 3 月下旬温床育苗，4 月下旬移栽到麦田预留的瓜行内，5 月中下旬小麦收割后，及时翻地施肥，西瓜苗对爬。晚稻 6 月上中旬播种育秧，7 月下旬西瓜采收完毕后，立即犁田插秧，10 月下旬至 11 月上旬收割晚稻。

（二）无籽西瓜—洋葱套种栽培

在黄淮地区，一般都采用西瓜与蔬菜的间作套种模式安排设施的保护地生产。采用大棚套种无籽西瓜和洋葱的栽培模式可以显著提高经济效益。种植一茬早熟洋葱，每公顷可收获 45~60 t。4 月洋葱采收前套种无籽西瓜，7 月能够收获无籽西瓜每公顷 30~45 t。由于洋葱一般在 5~6 月底收获，4 月中下旬收获的棚栽洋葱可填补市场空白，两种作物套种后可使大棚栽培产值达到每公顷 12 万元以上。

套种的方法：洋葱于 8 月下旬到 9 月上旬育苗，10 月下旬到 11 月上旬移栽，次年的 4 月中下旬到 5 月初收获。无籽西瓜 3 月上旬嫁接育苗，4 月上中旬定植到大棚，6 月下旬到 7 月上旬收获。洋葱畦宽 1.5 m，西瓜行距 2.5 m，预留瓜行宽 1 m。

套种的洋葱选择早熟、抗性强的品种，定植前覆盖专用地膜，按株距 0.14 m，行距 0.16 m 打孔定植，定植深度一般 1~1.5 cm，每公顷 37.5~45 万株。入冬前注意补苗和围土护苗，浇越冬水。春季洋葱返青后注意追肥浇水。无籽西瓜选择抗性强、容易坐果的中早熟品种。嫁接育苗后根据大棚的温度情况，及时移栽。定植后注意整枝理蔓，开花后按要求进行人工辅助授粉，选留合适节位的果实。注意病虫害的防治。

（三）麦—瓜间作套种栽培

北方无籽西瓜主产区一般多采用小麦和无籽西瓜间作套种的晚熟瓜栽培模式。如山东的东明县，全县套种麦茬瓜的面积占西瓜总面积的 70% 以上。5 月在麦地预留的定植带套种无籽西瓜，8 月无籽西瓜收获可获得比较好的效益。

套种的方法：小麦于上一年的 10 月上中旬播种，播前按 2~3 m 的间距预留出 0.5 m 左右宽的无籽西瓜定植行。小麦的管理一般可按正常管理，无籽西瓜于当年 5 月上中旬直播或移栽到麦田预留的瓜行内。6 月上中旬待小麦收割后，及时进行浇水、追肥，西瓜蔓对爬。可以缠绕在麦茬上，节省了压蔓的作业。开花后注意进行人工辅助授粉。8 月中下旬西瓜采收后，整地准备 10 月播种小麦。

四、立架栽培模式

立架栽培是湖南、湖北等南方地区进行小果型无籽西瓜露地栽培的重要模式，不但可以提高种植密度，增加单位面积产量。而且通风透光性好，果实着色均匀，西瓜品质好，市场售价高。

人字架、篱笆架、交叉架是小西瓜立架栽培采用的三种主要架式。人字架一般适宜窄畦面（1~1.5 m），果实大部分吊挂在人字架的中部，该立架方式一般通风透光稍差，但操作方便，支架牢固。篱笆架是在平行的立杆上、中、下部各绑一条横杆，瓜蔓沿杆直立生长结果。该立架方式通风透光性好，但后期管理不太方便。交叉架与人字架基本相似，但交叉架的交叉部位在两杆的中部，而人字架在顶部，这种立架方式通风透光性好，果实着色更均匀。

小果型无籽西瓜立架栽培均采用二蔓整枝。当果实直径 5~10 cm 时，用塑料网袋套住西瓜或用纤维绳将瓜柄绑在立架杆上，以防西瓜脱落。

五、冬季反季节栽培模式

冬季反季节栽培模式主要是在海南采用，海南利用 11 月到次年 3 月当地特有的冬季温光资源优势生产无籽西瓜，供应内地的冬春市场需求。

海南无籽西瓜栽培一般是利用沿海的砂地，采用地膜覆盖，依靠膜下滴灌供应植株生长、果实发育所需的肥水。为解决土地面积有限轮作困难的矛盾，减少枯萎病危害，目前无籽西瓜嫁接育苗栽培已经占总面积的90%以上。无籽西瓜栽培方式一般多采用稀植、多蔓，根据天气和市场情况分批授粉、分批采收。

海南无籽西瓜栽培的技术要点如下：

（一）选用优良品种

海南无籽西瓜栽培品种选择以市场需要为导向，要求优质、高产，抗病性强，易坐果，商品率高，果形端正美观，耐贮运。目前主要是农友新1号类型及海南创利公司自选的创利1号等。

（二）普及嫁接栽培

为了减少枯萎病危害，现海南无籽西瓜生产多采用嫁接苗。目前以海南林优种苗公司为代表的西瓜嫁接苗专业生产公司，年生产嫁接苗的规模超过1000万株，成活率达90%左右。海南的无籽西瓜嫁接育苗栽培已经基本普及。

（三）地膜覆盖栽培

海南生产无籽西瓜基本是选择海边的砂地，土壤水肥渗透和水分蒸发较快，采用地膜覆盖栽培是保肥、保湿的有效措施。由于海南四季温湿条件均有利于病虫繁殖，为驱防蚜虫、蓟马，减少病毒病的发生，海南也广泛采用了银黑二色地膜覆盖栽培无籽西瓜，银色面在上具反光驱虫作用，黑色面在下可防治杂草。

（四）多施有机基肥，利用膜下滴灌巧施肥水

无籽西瓜的中后期长势旺，增产潜力大，需肥较有籽西瓜多，基肥每公顷施腐熟的畜禽粪22500~30000 kg，另加750 kg过磷酸钙、450~750 kg花生饼，有机肥不足的地方用三元复合肥750~1500 kg、硫酸钾225~300 kg。基肥施用方法采用沟施，施后覆盖地膜。

追肥一般根据无籽西瓜的生长需求，利用地膜下滴灌时加入，每次每公

顷施复合肥 225~300 kg 、硫酸钾 90~120 kg、尿素 75~105 kg。追肥次数、用量视植株长势与分批授粉留瓜的需要而定，如果连续收瓜的时间长，可追施 3~4 次。

（五）稀植多蔓、分批授粉与分批采收

海南无籽西瓜栽培植株一般不进行整枝理蔓，瓜蔓在中后期生长旺盛，分批授粉容易坐果，增产潜力大。海南生产的无籽西瓜由于主要供外销，根据市场需求预测和天气情况选择相应播种期。

以农友新 1 号类型为例，种植密度一般为每公顷种植 2850~3450 株，行距 3.5~4 m，株距 0.7~0.9 m，畦宽 3~5 m，靠边双行栽植，瓜蔓相对向畦中间爬伸。冬季种植由于坐果期温度相对偏低，坐果较难，种植密度相对稍稀，以便植株在不整蔓的情况下拥有较大空间可多蔓生长，有利于坐果。春季可稍密。山坡地多为低畦浅沟栽培，排水不良的地块须做高畦。并按地势加挖排水沟，以保证排水顺畅。

多次分批授粉留瓜应根据植株长势和肥力情况而定。海南无籽西瓜采用不整枝理蔓，每株一般可有 3~4 条以上的侧蔓。授粉留瓜方法是：第 1 次授粉的主蔓节位在第 22 节前后，自第 2 朵雌花开始授粉，侧蔓上同时开的雌花也进行授粉，每株可授粉 4~5 朵雌花，选留瓜 2~3 个。经 15~20 d 待选留的瓜坐稳膨大后，可进行第二次授粉，见雌花尽量授粉，让其自然竞争留果，待瓜坐稳后除去畸形果，选留 3~4 个。在多次分批授粉分批采收时，第 1 次收瓜后应及时追肥，以保证后续瓜的生长需要。如植株生长旺盛，见雌花开放可继续授粉留瓜，以充分利用无籽西瓜中后期生长旺、肥水足够时能连续坐果的特点。

海南无籽西瓜稀植、不整枝的优点是可减少田间操作对瓜蔓的损伤，减少病害感染，同时减少定植株数，节约种苗成本。采取稀植、分批授粉、分批采收技术，平均每株可留 4~6 个商品瓜，单瓜重大部分达到 5~8 kg。

第六节　无籽西瓜的采收与加工

三倍体无籽西瓜由于皮韧、果肉硬脆、没有种子，比其他有籽西瓜更容易运输和贮藏。另外三倍体无籽西瓜由于为多倍体，其次生物质含量高，诸如维生素 C、瓜氨酸、番茄红素以及可溶性固形物含量都比二倍体西瓜高，更有利于这些物质的提取，其果皮韧厚，果肉硬脆，也有利于进行鲜切销售和加工。

一、三倍体无籽西瓜的采收

西瓜收获是田间生产的结束，又是运销贮藏的开始。要做到丰产丰收，必须抓紧时机，适时收获。无籽西瓜的成熟期与品种、播种期、栽培条件及气候等有着密切的关系。因此，就是同一个品种，每一年的成熟时期也不尽相同。因此西瓜的采收时间，应随品种、栽培条件及用途而异。

（一）成熟西瓜的确定与判断

目前判断西瓜成熟的主要方法有目测法、触摸法或拍打法、比重法、标记法和仪器测定法。

1. 授粉日期标记法

这方法对于无籽西瓜种植者很容易掌握。瓜农在开花授粉时用不同颜色的绳索系在紧靠瓜柄瓜蔓节间上已示标记，同时记录所标记的授粉日期，采收时根据品种熟性要求的天数进行采收。露地无籽西瓜晚熟品种 35~40 d，中熟品种 31~34 d 采收。同一品种因栽培方式、栽培地区和栽培季节的变化可根据经验适当调整。

2. 先观察后拍打法

消费者在买无籽西瓜的时候，可以用目测法判断西瓜的成熟度。不同的西瓜品种在成熟时，都会出现本品种固有的特征。成熟的瓜花纹清楚，深浅分明。有些品种成熟时果皮变得粗糙，有时还会出现棱起、挑筋、瓜把处略有收缩，表皮具光泽，表面微现凹凸不平，用手指压花萼部有弹性感，坐果节和以下节位的卷须枯萎以及瓜底部不见阳光处变成深黄色等均可作为成熟的参考。在用手触摸瓜皮时，有光滑感的多为熟瓜，反之发涩的多为生瓜。

介绍一个很形象又容易掌握的挑瓜方法：一手托瓜，一手用手指弹瓜，如果弹出的声音听起来像弹自己的头部一样，发出梆梆的声音，此瓜为生瓜；如果弹出的声音像弹自己胸部的一样，发出嘭嘭的声音，并有颤的感觉，是成熟度正好的瓜；如果弹出的声音像弹自己腹部的一样，是噗噗的声音，则为过熟汤瓤瓜。

3. 仪器测定法

西瓜的仪器测定法，可使用无损伤瓜果测定仪进行测定西瓜的成熟度。其优点是简单易行，操作方便，省工省时。测定时只要将测定仪的探头中心线对准果实中心点上，小于或等于 8 度时为生瓜，大于 8 度时为熟瓜，其准确性较高。上海产无损伤瓜果测定仪的工作适温为 20~40℃，空气相对湿度小于 85%，要求果实新鲜，以茎叶不干枯为好。

4. 不良果实的判断

皮厚空心的西瓜判断：如果西瓜生长不正常，发生畸形瓜，容易皮厚空心等。此类西瓜外观不圆整，或歪瓜；容易起棱，有时有沟。皮厚空心的瓜往往很轻。

汤瓤过熟的西瓜：有些西瓜由于高温高湿造成西瓜汤瓤，此类西瓜不容易鉴别，这就需要从中抽取样品，切开观察，这些往往是成块田都是，或成批的。

（二）不同用途无籽西瓜的采收标准

在生产实践中，实际采收成熟度要根据采收目的分别确定。一般可根据远运、地销（即食）、贮藏或加工等不同需要来确定其适宜的采收成熟度。

1. 贮藏用无籽西瓜

贮藏用无籽西瓜，如果短期贮藏，最好 9~10 成熟采收，如果贮藏时间超过 2 个月，最好 8 成熟采收。

2. 随即销售无籽西瓜

地销（即食）要求果实达到 10 成熟，充分表现出本品种应有的皮色、瓤质和风味。此时含糖量和营养价值达到最高点，也称为最佳食用成熟度。

3. 远途运输无籽西瓜

远运成熟度应根据运输工具和运程确定。如用普通货车（火车编组），运程在 7 d 以上者，可采收七成半至八成熟的瓜；运程在 4~7 d 者，可采收八成至八成半熟的瓜；运程在 3 d 以下者，可于九成至九成半熟时采收。

4. 加工用无籽西瓜

根据加工的用途进行采收。对于提取西瓜瓜氨酸成分的西瓜，一般在 7~8 成熟采收，根据研究结果，这时候采收的无籽西瓜瓜氨酸含量最高。如果提取番茄红素和果糖，最好 10 成熟时候采收。如果用果皮加工，一般也在 8~9 成熟采收。

（三）采收时间与方法

1. 采收时间

采收无籽西瓜最好在上午或傍晚气温较低时进行，因为西瓜果实经过夜间和下午冷凉之后，散发了大部分热量，采收后不致因西瓜体温过高而加速呼吸，引起质量降低和果皮上病菌滋生，影响贮运。如果采收时间不能集中在上午进行，也要尽量避免在中午烈日下采收。

西瓜成熟后如果正遇连阴雨天气，来不及采收、运输时，可将整个植株从土中拔起，放在田间，待天晴时再将西瓜果实割下。

2. 采收方法

采摘时应带 2 ~ 3 cm 的瓜柄，保留一段藤蔓和 3 ~ 4 片叶。保留瓜柄长度往往影响西瓜的贮藏寿命，这可能与伤口与瓜体的距离有关。在采摘和运输的过程中，要轻拿轻放，避免颠簸、振动和挤压，以免造成表面上难以发觉的内伤，这种内伤在贮藏的过程中极易腐败。另外，采收后应防止日晒、雨淋，要及时运送出售。暂时不能装运者，要放到地头或路边阴凉处，并要轻拿轻放，瓜下垫一些瓜蔓或草。

二、采收后的分级与包装

（一）无籽西瓜的分级

为了适应市场不同的需要，对于商品西瓜，农业部已经出台了相关的农业行业标准，即西瓜（含无籽西瓜）NY/T 584—2002。现在国家正在起草无籽西瓜的分等分级国家标准，有些地方标准已经启用。

无籽西瓜规格根据品种的特性可分为大果型（>6.0 kg）、中果型（≤6.0 kg，>3.0 kg）、小果型（≤3.0 kg）三个规格。

无籽西瓜商品果实应该符合以下基本要求：

（1）发育正常，新鲜、洁净。

（2）适度成熟。

（3）无畸形，无异味，无倒瓤，无生瓜，无开裂。

无籽西瓜质量等级的划分应该以成熟果实感官要求和理化指标作为依据，在符合以上基本要求的前提下，根据多年实践，可分为特等品、一等品和二等品三个等级（表 3-10、表 3-11）。

优等果实应该具备以下条件：

果形端正，具有本品种典型特征。具有本品种应该有的底色和花纹，且底色均匀一致，条纹清晰。果面无缺陷等，具有本品种适度成熟时应有的瓤色，质地均匀一致。无硬块，无空心，无白筋。无着色秕籽和少白色秕籽。

表 3-10　根据感官指标分级

项目	等级		
	优等品	一等品	二等品
基本要求	果实完整良好、发育正常、新鲜洁净、无异味、无非正常外部潮湿，具有耐贮运或市场要求的成熟度	果实完整良好、发育正常、新鲜洁净、无异味、无非正常外部潮湿，具有耐贮运或市场要求的成熟度	果实完整良好、发育正常、新鲜洁净、无异味、无非正常外部潮湿，具有耐贮运或市场要求的成熟度

续表

<table>
<tr><th colspan="2" rowspan="2">项目</th><th colspan="3">等级</th></tr>
<tr><th>优等品</th><th>一等品</th><th>二等品</th></tr>
<tr><td colspan="2">果形</td><td>端正，具有本品种特征，无畸形</td><td>端正，具有本品种基本特征，无畸形</td><td>具有本品种基本特征，允许轻微畸形</td></tr>
<tr><td colspan="2">果肉底色和条纹</td><td>具有本品种应有的底色和条纹，且底色均匀一致、条纹清晰</td><td>具有本品种应有的底色和条纹且底色均匀一致、条纹清晰</td><td>具有本品种应有的底色和条纹，允许底色有轻微差别，底色和条纹的色泽稍差</td></tr>
<tr><td colspan="2">纵剖面</td><td>具有本品种成熟时的固有色泽，质地均匀一致，无空心，无硬块，无白筋，秕籽小而白嫩，无色籽</td><td>具有本品种成熟时的固有色泽，质地基本一致，无白筋，无硬块，有轻度空心，色籽≤3</td><td>具有本品种成熟时的固有色泽，质地均匀性稍差。无明显白筋，允许有小的硬块，允许轻度空心，色籽≥4</td></tr>
<tr><td colspan="2">口感</td><td>汁多、质脆、爽口、纤维少，风味好</td><td>汁多、质脆，爽口，纤维较少，风味好</td><td>汁多，肉质较脆，纤维较多，无异味</td></tr>
<tr><td rowspan="3">果面缺陷</td><td>碰压伤</td><td>无</td><td>允许总数 5% 的果有轻微碰压伤，且单果损伤总面积不超过 5 cm^2</td><td>允许总数 10% 的果有碰压伤，单果损伤总面积不超过 8 cm^2，外表皮有轻微变色，但不伤及果肉</td></tr>
<tr><td>刺磨划伤</td><td>无</td><td>占总数 5% 的果有轻微伤，单果损伤总面积不超过 3 cm^2</td><td>允许占总数 10% 的果有轻微伤，且单果损伤总面积不超过 5 cm^2，无受伤流汁现象</td></tr>
<tr><td>雹伤</td><td>无</td><td>无</td><td>允许有轻微雹伤，单果总面积不超过 3 cm^2，且伤口已干枯</td></tr>
</table>

续表

<table>
<tr><th rowspan="2" colspan="2">项目</th><th colspan="3">等级</th></tr>
<tr><th>优等品</th><th>一等品</th><th>二等品</th></tr>
<tr><td rowspan="2">果面缺陷</td><td>日灼</td><td>无</td><td>允许 5% 的果有轻微的日灼，且单果总面积不超过 5 cm²</td><td>允许总数 10% 的果有日灼，单果损伤总面积不超过 10 cm²</td></tr>
<tr><td>病虫斑</td><td>无</td><td>无</td><td>允许干枯虫伤，总面积不超过 5 cm²，不得有病斑</td></tr>
<tr><td colspan="2">着色秕籽</td><td>无</td><td>纵剖面不超过 1 个</td><td>纵剖面不超过 2 个</td></tr>
<tr><td colspan="2">白色秕籽</td><td>个体小，数量少</td><td>个体中等但数量少，或数量中等但个体小</td><td>个体和数量均为中等，或个体较大但数量少，或个体小但数量较多</td></tr>
</table>

表 3-11　理化指标分级

<table>
<tr><th rowspan="2">项 目</th><th rowspan="2">分 类</th><th colspan="3">等 级</th></tr>
<tr><th>优等品</th><th>一等品</th><th>二等品</th></tr>
<tr><td rowspan="3">果实中心可溶性固形物含量（%）</td><td>大果型</td><td>≥ 10.5</td><td>≥ 10.0</td><td>≥ 9.5</td></tr>
<tr><td>中果型</td><td>≥ 11.0</td><td>≥ 10.5</td><td>≥ 10.0</td></tr>
<tr><td>小果型</td><td>≥ 12.0</td><td>≥ 11.5</td><td>≥ 11.0</td></tr>
<tr><td rowspan="3">果皮厚度（cm）</td><td>大果型</td><td>≤ 1.3</td><td>≤ 1.4</td><td>≤ 1.5</td></tr>
<tr><td>中果型</td><td>≤ 1.1</td><td>≤ 1.2</td><td>≤ 1.3</td></tr>
<tr><td>小果型</td><td>≤ 0.6</td><td>≤ 0.7</td><td>≤ 0.8</td></tr>
<tr><td rowspan="3">近皮可溶性固形物含量（%）</td><td>大果型</td><td>≥ 8.0</td><td>≥ 7.5</td><td>≥ 7.0</td></tr>
<tr><td>中果型</td><td>≥ 8.0</td><td>≥ 8.0</td><td>≥ 7.5</td></tr>
<tr><td>小果型</td><td>≥ 8.5</td><td>≥ 8.5</td><td>≥ 8.0</td></tr>
<tr><td>同品种同批次单果之间重量允许差（kg）</td><td></td><td>≤ 0.5</td><td>≤ 1.0</td><td>≤ 1.5</td></tr>
</table>

参考以上的分级标准，根据无籽果实的品种类别、果实的重量、果实的成熟度等进行分级，参照客户和贮运的不同要求，将同一等级的果实归入一类，分别进行包装处理。这样可以满足不同的销售需要，保证商品西瓜的质量一致。

（二）无籽西瓜的包装

根据不同的市场需要，无籽西瓜采用不同等级的包装材料进行包装，由于无籽西瓜果皮厚韧，许多运输为堆装运输，没有包装或者简易包装。一般可以在果实外观清洁处理后，用发泡塑料网袋包装单个的西瓜，直接堆放到运输工具里。或者若干个西瓜装入纸箱或木箱，也可直接装入纸箱或者其他的包装材料。

包装的衬垫物一般视运输距离和工具而定。普通农用三轮车、拖拉机短途运输的西瓜多不用包装，或用编制袋简单装一下即可，但车底和四周应垫以稻草等物，以免碰伤。在选择运输工具时，应以经济、安全、快速为原则，尽量减少中间环节。最好是一次周转能由产区直接送到销区市场或直销客户。在装运时要做到轻装、轻卸，途中避免剧烈震动和机械碰撞，减少运输损失。

包装使用三层瓦楞纸箱，规格为 50 cm × 30 cm × 30 cm，容量 15 kg。包装容器必须清洁干燥，牢固美观，无毒无异味，内无尖实物，外无钉头尖刺。纸箱无受潮、离层现象，鲜果包装用的纸箱要求负压 200 kg 以上，24 h 无明显变形（箱体留气孔 4~6 个，直径 16 mm）。

无籽西瓜进行商品包装后，一般均需要有品牌或商标的标志，具备绿色食品生产条件的西瓜基地，还应申请使用绿色食品的专用标志。只有具备了品牌或商标标志，优质西瓜才能在市场上建立良好的信誉，获得更大的市场知名度和商品声誉，从而提高优质西瓜的价值，取得较好的效益。

三、三倍体无籽西瓜的贮运

（一）影响无籽西瓜贮藏的因素

大部分地区露地无籽西瓜成熟一致，上市比较集中，使周年市场供应突出地表现为淡—旺—淡的特点。常常是天气最热时，市场没有西瓜供应。无籽西瓜果实中没有种子，在后熟过程中营养转化与消耗较有籽西瓜少而慢。因而其耐贮藏性比同组合的有籽西瓜强。所以，搞好无籽西瓜的贮藏保鲜，对调节市场供应，满足消费者的需要具有十分重要的意义。

影响无籽西瓜贮运性的因素可分内因和外因两类。内因方面主要是成熟度、瓜皮厚度、硬度与瓜瓤致密程度以及贮运期间果实内部的后熟生理变化等。外因方面主要是有无机械损伤以及温度、湿度、气体成分、病虫为害等。

（1）成熟度及果皮果肉特性。贮藏的西瓜宜选择 8 成熟左右的果实，9 成熟以上者不宜长期贮藏。果肉致密、瓜皮较厚、硬度较大且具有弹性的西瓜耐贮运性较强。

（2）贮藏期间瓜内的生理变化。大多数资料上显示西瓜属呼吸跃变型，而有的则认为西瓜为非呼吸跃变型，西瓜采后具有后熟过程；在贮藏过程中，糖分含量逐渐降低，瓜瓤纤维增多，有机酸含量没明显变化，但风味变淡，尤其贮藏时间较长，品质明显降低，且易感病腐烂。

主要是含糖量和瓜瓤硬度的变化。在贮藏期间测定西瓜含糖量的变化，发现在最初几天内糖分转化为可溶性固形物含量一般不减少，贮藏 10 d 以后，开始迅速降低，当贮藏至 20 d 后又开始缓慢减少。

（3）机械损伤。西瓜在采收、装卸和运输过程中强烈振动、挤压等易造成损伤，入贮后极易腐败。果皮上的机械伤为病菌的侵入提供了通道。由于西瓜果实大小和品种间的差异，损伤的程度有所不同，且当时一般从外表很难看出来，但经短期贮藏即可逐渐表现出来，如损伤处瓜皮变软，瓜瓤颜色变深变暗，品质风味变劣等。因此，贮藏用的西瓜既要避免表皮损伤，也要防止挤、压、摔和强烈振动，最好是在产地就地贮藏，避免过多搬动和长途运输。

（4）温度和湿度。西瓜贮藏的适宜温度应根据栽培地区和贮藏期长短选择。在不产生异味的前提下，贮藏温度愈低肉质风味愈好，但低温易出现冷害，影响瓜的外观，降低商品价值。

冷害是在冰点以上，不适宜温度下引起的西瓜果实生理代谢失调。西瓜冷害的临界温度因品种、产地等不同，对冷害的敏感性不同。当贮藏温度低于适宜温度时候，易发生冷害。发病初期，绿色品种瓜面出现不规则较小而浅的深绿色小点，以后逐渐扩大，开始凹陷，使瓜面形成“麻子脸”状，严重时瓜肉外层变软，并逐渐向内层扩展，亦呈水渍状，易被杂菌侵染迅速溃烂。在低温下贮藏时间愈长，也愈易出现冷害。

西瓜贮藏期间，对湿度的要求则不可过低，但也不可过高。湿度过低易使西瓜失水多而快，瓜皮很快变软；湿度过高，易滋生霉菌。要注意以下几点：①采前 7~10 d 喷洒 0.4% $CaCl_2$ 溶液，可增加组织中 Ca^{2+} 的含量，增强西瓜的抗逆性。②在适宜的温度下贮藏，可避免冷害的发生。黑皮无籽西瓜贮温一般为 5~12℃。③适度的干爽条件，如相对湿度 65%~80%，有利于控制病害。④选择适宜成熟度（8~9 成熟）的西瓜贮藏，可降低对冷害的敏感性。

（5）气体成分的影响。西瓜的高 CO_2 及低 O_2 都容易造成西瓜果实伤害，这些伤害多发生在气调贮藏中。当气调环境中 O_2 降低至 1% 时，或者 CO_2 高于 3%~8% 时，容易发生此伤害。受害初期，西瓜表面形成小斑点，稍凹陷，以后逐渐扩大，形成界限明显的病斑，开始水浸状，严重时外表皮形成一薄层较脆的外壳，以后逐渐起皱开裂，瓜皮和瓜瓤分离，病斑部位沤烂或有酒精味，瓤质变硬，风味变差。受害重的病斑大而遍及整个瓜面，失去食用价值。

在气调贮藏时，主要是严格控制环境中气调指数。西瓜气调指数为 CO_2 含量 0.5%~2%，氧气含量 3%~5% 比较合适。一般每隔 7~12 d 用奥氏气体分析仪检测其气体成分的变化，当短时内 CO_2 浓度增高时，应尽快通气换气，将 O_2 浓度恢复至正常范围内，使 CO_2 毒害减轻。

（6）贮藏保鲜期的病害。西瓜在贮藏保鲜期危害较大的病害主要有炭疽病、青霉菌性腐烂、冷害、高二氧化碳及低氧气伤害等。最常见的腐烂有两种：一种为生理性病害，也叫非侵染性病害；另一种是由病原菌侵染引起的，称为侵染性病害。其中，炭疽病和青霉菌性腐烂属于真菌性病害，其他为生理性病害。

炭疽病：炭疽病是西瓜贮藏保鲜期常见的病害之一，其病原菌多数在西瓜成熟前已感染侵入。西瓜成熟采收后，经过预冷，立即贮藏在适宜的低温条件下，或经杀菌剂处理，原有的小病斑发展扩散较慢，而较大的病斑受到抑制。如在 15℃以上贮藏，已感染的西瓜则迅速表现症状。发病初期，瓜面上出现淡褐色圆斑，以后病斑逐渐扩大，病斑表面颜色深浅交错，瓜肉也随之软腐下陷，造成腐烂，不堪食用。

防治方法：①采收前 7~15 d 喷 800 倍液的多菌灵效果较好；②西瓜采后，用 300~600 倍液多菌灵浸瓜 10 min，晾干后入贮，效果较好；③采用适当的低温贮藏，在 5~6℃温度条件下，可有效地控制炭疽病的发展。

青霉菌性腐烂。青霉菌性腐烂是西瓜贮藏期多发病害。此病菌来源于西瓜自身和贮藏场所。采后西瓜碰压伤严重，则发病较重。青霉菌主要侵染瓜蒂及伤口，瓜蒂被侵染后，开始表现为白色小斑点，10~15 d 后斑点扩大，形成许多灰白色的菌丝体，瓜蒂密生一层绒毛状菌丝，最后导致瓜蒂腐烂变黑。其次，西瓜因受伤或其他病虫危害造成伤口，被青霉菌感染后，最初表现为白色斑点，3~5 d 后斑点扩大，形成白色菌丝，连片后菌丝可布满整个病斑，然后病斑逐渐向外扩展，从表皮烂及瓜内，并有霉烂味，不能食用。

防治方法：青霉菌性腐烂病的防治方法基本上与防治炭疽病相同，主要是选择无病、优质的新鲜西瓜为贮藏材料，采摘时轻拿轻放，运输中避免剧烈振动，尽量减少伤口，以减少青霉菌侵染发病的机会。另外，用于西瓜贮藏的场所应于西瓜入贮前 3 d 用硫黄熏蒸（10 g/m^3），然后密闭 2 d，再通风换气即可。

（二）贮藏前的准备

1. 预冷

所谓预冷是指运输或入库前，使西瓜瓜体温度尽快冷却到所规定的温度范围，才能较好地保持原有的品质。西瓜采后距离冷却的时间越长，品质下降愈明显。如果西瓜在贮运前不经预冷，西瓜温度较高，则在车中或库房中呼吸加强，引起环境温度升高，很快就会进入恶性循环，造成贮藏失败。

预冷最简单的方法是在田间进行，利用夜间较低的气温冷却一夜，在清晨气温回升之前装车或入库。有条件的地方可采用机械风冷法预冷，具体做法是将西瓜用传送带通过有冷风吹过的隧道。风机循环冷空气，借助热传导与蒸发潜热来冷却西瓜。

2. 贮藏场所及西瓜表面的消毒

西瓜贮藏场所及西瓜表面消毒可选用 40% 福尔马林 150~200 倍液，或 6% 的硫酸铜溶液，或波尔多液，或 1000 倍甲基托布津溶液，或 15%~20% 食盐水溶液，或 0.5%~1% 漂白粉溶液，或 500 倍多菌灵＋ 500mg/kg 桔腐净混合液，或 250 mg/kg 抑霉唑，或 0.1 mg/kg 克霉灵，或 40 mg/kg 仲丁胺浸果剂，或 1% 葡萄糖衍生物等药剂。

库房消毒可用喷雾器均匀喷洒，对其包装箱、筐、用具、贮藏架等也要进行消毒。西瓜可采用浸渍法消毒，消毒后沥干水分，放到阴凉处晾干，最好与预冷结合一起进行。

（三）贮藏方法

西瓜的贮藏保鲜方法有简易储藏、气调和低温冷库储藏等方法，本书主要介绍简易实用的储藏方法。常用的简易储藏方法有普通库房贮藏、窑窖贮藏、通风库贮藏等多种形式。无论采用哪一种，西瓜入库前都必须进行预冷，贮藏场所及西瓜表面要进行消毒灭菌处理。各项管理措施要尽量接近西瓜贮藏所需要的最佳环境条件，并做到各环境条件之间相互配合协调。

1. 无籽西瓜常温简易保鲜技术

选择干净、通风、凉爽的房屋，地面铺 7~10 cm 厚的细河沙。在阴天或晴天傍晚采收 7 成熟的瓜，要求无损伤、无病虫害，瓜形正常。每个西瓜留三个节蔓，保留瓜蒂附近 2~3 片绿叶，将瓜蔓剪断后，当即用洁净的草木灰糊住截断面。将西瓜及时运至库房，一个个排放在细沙上，并加盖细沙，厚度以超过西瓜 3~5 cm 为宜，所留绿叶必须露出沙面，这样有利于制造养分，有利于西瓜增熟。然后用磷酸二氢钾 100 g 对水 50 g 制成水溶液喷洒叶面。以后每隔 10 d 喷洒一次，保持叶片青绿。当日采收的瓜当日贮藏，不贮藏隔夜瓜。这种方法保存的西瓜一个半月仍全部完好，并能保持品种特色、风味和营养。在贮藏前用 1000 mg/kg 浓度的甲基托布津药液洗瓜，晾干后再排放，贮藏效果会更好。

2. 冷库简易气调贮藏

在冷库中使用塑料薄膜袋包装贮藏，效果较好。其方法是：在贮藏的第一个月保持库内温度为 15~18℃，第二个月为 9~15℃，以后保持温度 4℃左右。用稀释 4 倍的虫胶涂料进行涂抹处理，并用 0.04 mm 厚的聚乙烯薄膜袋套上。每袋 2 个瓜，内放硅胶 2 小包以吸收其因降温而凝结的水分，密封袋口贮藏，10 d 后袋内既无水珠也无腐烂。薄膜袋内保持二氧化碳 2%，氧气 10%。无籽西瓜贮藏 100 d 后经检查，均无空心和裂瓤现象。

3. 涂膜保鲜贮藏

（1）果实涂料贮藏法。用紫胶涂料涂抹在果实表皮后，形成一层薄膜，阻碍果实内部与外界气体交换，使呼吸作用降低，从而减少营养物质消耗和品质下降。用此法进行堆藏其效果更好。

（2）褐藻酸钠涂抹法。将褐藻酸钠用温水溶解，再加水稀释至 0.2% 的浓度，用毛刷或软布涂抹在西瓜表皮上，晾干，存放在经消毒处理过的房屋内，可以搭架多层贮藏。存放时，先在西瓜下面放一个经阳光暴晒消毒的草圈，再按在田间生长的方位，将接触土壤的一侧放在下面。在常温条件下，可贮藏 1 个多月。

4. 化学保鲜贮藏

（1）瓜蔓汁处理。贮藏贮前先将新鲜西瓜蔓碾磨出汁，后用滤纸或纱布过滤，稀释 300~500 倍喷洒整个瓜表面，稍干后用牛皮纸或报纸将瓜包卷起来并封严纸卷两端，置阴凉通风库内。贮藏中要防止高温高湿，每隔 7~10 d 检查一次，可贮藏 20~30 d。

（2）山梨酸液贮藏法。山梨酸是公认的高效、无毒的食品保鲜剂，多年来被应用于西瓜的贮藏保鲜。但最近的研究表明：不论是常温山梨酸药液，还是热山梨酸药液处理过的西瓜，其贮藏效果均不理想。

（3）植酸盐贮藏。植酸学名环己六醇六磷酸酯，常用的为其钾盐或钠盐。彭大为认为 0.025%~0.03% 的植酸盐可使西瓜在 5~10 月高温季节贮藏，保鲜期 1 个半月以上，在 2~5℃下贮藏，可达 3 个月以上。

（4）森柏保鲜剂贮藏。森柏是由英国森柏生物工程公司研制成的一种可食用的蔬菜水果保鲜剂。将保鲜剂与水配成 0.6%~1% 浓度的溶液，浸果 30 s 后晾干，可延缓西瓜成熟过程，减少水分散失，使肉质坚实多汁，延长保鲜期。

（5）西瓜保鲜剂保鲜法：VBAI 西瓜保鲜剂是从中草药中提取的活性物质，是一种天然生物制剂。使用时操作简便，只需将西瓜在 10% 的药品稀释液中浸 2~3 min 即可。其保鲜期为 30~90 d，保鲜 1 t 西瓜投资 15 元左右。西瓜保鲜的关键是：控制果实的呼吸强度，抑制果实的衰老，防止因呼吸作用而引起的营养损失、品质下降、水分散失、色泽变化、果实软化等。西瓜贮藏保鲜的研究，以保鲜膜、保鲜袋为创新，冰点温度贮藏为新起点，产生以绿色环保为核心、安全无毒为中心的新型保鲜理念，冰温贮藏最大限度地降低了呼吸作用，并且以保持果实品质为优势，将掀起西瓜贮藏的新高潮。

四、三倍体无籽西瓜的鲜切

近年来随着人民生活水平不断提高，生活节奏的不断加快，人们对于方便食品的需求量也越来越大，品位也随之提高。鲜切西瓜越来越得到人们的欢迎。目前西瓜鲜切在操作过程中去皮、切分等工序，会对西瓜果肉组织产生机械损伤，极易出现变色、变味、质地变软等质量问题。三倍体无籽西瓜由于没有种子、果肉硬脆、汁液多，切块后不变形等优点，极大地满足了西瓜鲜切市场的需要。

在我国西瓜鲜切形式主要有以下几种：

（1）通过无籽西瓜零售商，在市场摆摊，进行现切现卖。一般间隔时间不超过一天。这主要针对中国的家庭人口结构越来越小型化，一家 3 口人，如果购买整个瓜，一次吃不完，剩下的就不新鲜了。这样一个 6~8 kg 的大瓜就可以切开分卖给 2~3 家人，都可以吃到新鲜的西瓜了。

（2）超市无籽西瓜切块封膜销售，主要用封口膜进行西瓜剖面封膜，然后进行销售。一般间隔时间不超过一天。许多大型超市，把一些较大的无籽西瓜切开卖，进行简单的封膜。这样顾客可以直接看到果肉的颜色和质量，直接挑选购买。也促进无籽西瓜的销售。

（3）有一些餐饮外卖公司利用切块封膜配送。随着现在生活节奏的加快，许多白领的午餐经常由外卖公司送餐，一些餐饮外卖公司在送盒饭的同时，送一些水果，由于西瓜比较大，就把西瓜切块封膜进行配餐，深受消费者欢迎。

（4）鲜榨西瓜汁：鲜榨果汁消费是现代生活新时尚。鲜榨果汁消费从星级宾馆酒家向大众化饭店普及，鲜榨果汁成为餐饮消费的“第二素菜”。鲜榨果汁消费量连续 10 年有增无减。2003 年上海果品行业销售鲜榨果汁 6 亿元，占全市水果销售的 1/4，为水果消费和深加工增加了新的领域，引起国内外食品行家的关注。

中国鲜榨果汁品种较多，西瓜汁、苹果汁、橙汁、芒果汁、菠萝汁、生梨汁、柚子汁、哈密瓜汁、甘蔗汁以及胡萝卜汁、番茄汁和一些野生果汁等多种，这些鲜榨果汁在市场上特别是餐饮店基本上全年有货。其中鲜榨西瓜汁消费占首位。西瓜生产周期短，货源广，成本低，出汁率高，操作简单。按照我国传统水果消费习惯，西瓜消费是果品消费中最大的一个品种，拼盘用西瓜是餐饮企业必备水果。我国果品总产量 7000 万 t，西瓜、甜瓜总产量占 37%。其次是苹果、柑橘、梨、香蕉、草莓、葡萄排在后面，同时西瓜浓缩汁和饮料数量比较少，西瓜消费多数是现买现吃的。上海有 120 个水果批发市场。夏季上海大街小巷增设许多西瓜临时摊，而且水果是鲜嫩食品，不宜久放，餐饮企业受到场地和高温的限制，不可能采购更多的水果。各地均有许多西瓜集散地，确保西瓜常年消费。总汇上述因素，餐饮企业鲜榨西瓜消费占各类鲜榨果汁消费的一半以上。然而，鲜榨西瓜汁容易变质，口味不如鲜榨橙汁、芒果汁、菠萝汁，这类鲜榨果汁消费呈上升趋势。在国外市场，鲜榨橙汁消费超过西瓜汁消费。

五、三倍体无籽西瓜的加工

无籽西瓜比二倍体有籽西瓜更适合加工制成丰富多彩、风味独特、营养丰富而且有重要医疗保健作用的食品。现介绍几种中国居民常用西瓜做原料的加工食品及功能性提取加工产品。

（一）甜脆西瓜皮果条

挑选优质鲜嫩的浅绿皮和花皮无籽西瓜。用西瓜皮制作的果条色泽晶莹洁白、味甜酥脆，很受消费者欢迎。同时，也是使西瓜增值、增加瓜农收入的好方法。

1. 选料

选择新鲜、组织细密、中厚、含水量少的西瓜皮。

2. 原料处理

及时清洗，削去表皮，刮净瓜瓤，切成长 5 cm、宽 1.5 cm、厚 0.5 cm 的小瓜条。

3. 硬化处理

将洗净切好后的小瓜条放入含氯化钙 0.6% 的溶液中浸泡 4~8 h，待瓜条变硬后取出，用清水漂洗 2~3 次，以除去氯化钙残液，增强瓜条的脆性和加速糖液的吸收。

4. 烫漂

将硬化处理后的小瓜条投入沸水中烫 5~7 min，至瓜条肉质透明并可弯曲而不折断为止。然后取出置于 0.1% 的明矾水中冷却 2 h，捞出后再漂洗沥干水分。

5. 糖洗

将瓜条放入25%~30%的白沙糖溶液中，加糖使浓度增加到40%，再浸渍20~24 h。

6. 初烘

将瓜条捞出，沥去糖液，放在烘房中，烘至边缘卷缩，表面成小皱纹即可。

7. 煮制

将初烘后的瓜条连同糖液一并倒入夹层锅中，加糖使浓度达50%，然后煮沸浓缩，当糖液提高到73%时，即可出锅沥干糖液。

8. 烘烤整形

冷却后用手或机械将瓜条握成长条形后放入烘房再次烘烤，温度保持在60℃左右，直至把瓜条烘干至不黏手时为宜。然后把烘干的瓜条按50 kg加白糖粉10 kg拌匀，使瓜条表面附着一层白糖粉，后把多余的糖粉用筛子筛去即成味甜酥脆、晶莹剔透的西瓜皮果条。密封包装后即可出售。

（二）西瓜豆豉加工技术

西瓜豆豉气味醇香，柔和爽口，后味绵长并回甜，酯香、酱香感浓厚，深受消费者欢迎。其营养丰富，经分析，氨基酸0.76%，总酸2.79%，氯化物11.93%，还原糖10.8%，水分46.1%。

西瓜豆豉的生产以精选的黄豆、面粉、优良品种西瓜为原料，利用天然黄曲、西瓜瓤汁拌醅，经天然发酵酿制而成。

1. 原料配比

主料黄豆38 kg，面粉28.5 kg。

2. 操作步骤

（1）泡豆。将黄豆用清水洗净，除去浮土杂质，捞出置入缸内，加清水浸泡3~4 h。

（2）蒸熟。浸泡后的黄豆用常压蒸煮3~4 h，以用手指捏呈饼状，无硬心时为止。

（3）制曲。蒸豆制曲沿用传统法，靠天然黄曲霉菌自然生长繁殖。蒸熟黄豆与面粉混拌均匀，置苇席上平摊约 3 cm 厚，室温保持 28~30℃，品温控制在 35~37℃为宜。1 日后，呈块状进行第一次翻曲。之后，约 6 h 翻第二次曲。再经 3 d 保温培养，待全部黄豆曲料呈鲜嫩浅黄色即成曲。出曲后在烈日下晒成干豆黄。

（4）制醅。发酵将西瓜瓤汁与食盐、生姜丁、陈皮丝、小茴香混匀，然后拌入干豆黄，入缸置日光下保温浸润分化，待食盐全部溶化、豉醅稀稠度适宜时，将缸密封保温发酵 40~50 d，即酿成西瓜豆豉成品。

（5）成品特色。色泽鲜嫩，豆糊混态，口感爽利，鲜味浓郁回甜，气味香柔，健胃助餐。

（三）西瓜汁

1. 工艺流程

选料—洗净—去皮—粉碎榨汁—过滤—调汁—加热—过滤—装罐—排气密封—杀菌—冷却。

2. 操作要点

选择新鲜优质红瓤无籽西瓜，用清水冲洗干净。将瓜切块、去皮（瓜皮可作西瓜晶等糖制品）。用螺旋压榨机榨汁（制种瓜需挑出种子），并用清洁纱布过滤去杂。按配方要求调配瓜汁含量，一般原汁含量为 60%~70%，可溶性固形物 8%~11%，总酸度为 0.05%~0.25%。瓜汁调配好以后加热至 70~75℃，并经过滤机处理。装罐要趁热进行，罐中心温度不得低于 75℃，排气密封可与杀菌结合进行。一般净重 250 g 的罐汁，在 100℃温度下杀菌时间为 15 min，然后取出淋水冷却。

另有文献介绍，为使西瓜汁的生物活性更强，沉淀物更少，浓缩西瓜汁的配方是：西瓜汁为 70%~73%，甜瓜汁为 18%~20%，石榴汁为 2.5%~3%，玫瑰汁为 1%~1.5%，淀粉 0.5%~1%，乳酸链球菌素 0.03%~0.05%，乙醇 0.5%~1%，蔗糖 3.4%~4.4%，柠檬酸 0.03%~0.05%。此汁澄清色佳，浓缩味美，成品中含有 1.44% 的果胶和 4.44 mg 的维生素

C，还可用它制成多种饮料。

还有综合利用西瓜浆汁制作饮料与系列面食品的生产方法。以西瓜为原料，经洗涤、除皮、取瓤、磨浆、过滤、配料工序，提取浆汁；红色瓜瓤纯汁与圆珠籽瓤纯汁配料变成西瓜汁；可作天然鲜汁饮料、纯汁速冻饮料、饼干、干脆面；配料后中皮鲜汁：可作鲜汁挂面、切面、饺子皮、馄饨皮；混汁：可作鲜汁面饼；皮瓤原浆：可作特殊食品，皮瓤蛋饼；中皮糜、籽瓤糜：可作新型煎饼；红色瓜瓤纯汁的副产品——西瓜泥：可作食品、点心馅。饮料、面食品含西瓜汁、种仁成分，是自然产生的，它有防治特定疾病的功能和作用。

由合肥工业大学生物机电工程研究所潘见教授主持的项目“西瓜饮料加工关键技术前期研究”2007 年通过国家鉴定。该项目解决了西瓜汁加工的关键技术问题，其运用超高压动态杀菌工艺，可最大限度地杀灭有害菌，保留其营养物质与生物活性成分，保持西瓜汁天然风味、色泽与口感，延长制成品的保质期。其复合式结构的超高压容器设计，改善了食品卫生条件，利用西瓜瓤与内白皮混合榨汁使西瓜的出汁率提高到 75 % 以上。这一项目的研究完成，使天然西瓜饮料的工业化生产成为可能。

（四）西瓜酒

1. 选料

选充分成熟、含糖量较高的新鲜西瓜为原料。

2. 取汁

先将西瓜用清水冲洗干净并沥干水分，然后去皮捣烂榨汁。榨出的西瓜汁用纱布过滤，滤出的西瓜汁倒入瓷缸或铝锅内，加热至 70~75℃，保持 20 min 左右备用。注意瓜汁不能用铁锅存放和加热，以免发生反应，影响酒的品质和色泽。

3. 发酵

待西瓜汁冷却澄清后，用虹吸管吸出上层澄清液，放入经过消毒杀菌的瓷缸或瓷坛内。先用手持糖度计测定西瓜汁中的含糖量，加入纯净白糖将瓜汁含糖量调整到 20%~22%，随即加入 3%~5% 的酒曲。为防止酸败可加入少量硫酸钠，其用量以 100 kg 西瓜汁加 11~12 g 为宜。调配好的西瓜汁充分搅拌均匀后，置于 25~28℃的环境中进行酒精发酵。15 d 后，用虹吸管吸入另一缸或坛内，并按瓜汁量的 10% 加入蔗糖，待蔗糖溶解后，倒入锅内煮沸，冷却后用纱布过滤，盛入缸内。这时西瓜酒的度数不高，可按要求加入白酒进行调整，然后封缸，在常温下陈酿 60 d 后即可装瓶、饮用。陈酿时间愈久，味道和品质愈好。

4. 装瓶杀菌

将酒装入干净酒瓶后用简易封瓶机封盖，在 70℃温度下杀菌 10~15 min 即为成品。

5. 贮存

西瓜酒的贮存适温为 5~25℃。因此在阴凉干燥的地方贮存较为适宜。

最近黄卫全（CN200510124476.7）发明了一种不添加任何添加剂的西瓜酒。主要原料是新鲜的西瓜，西瓜酒在生产过程中无需添加任何食品添加剂，而且西瓜酒是先将西瓜去皮切块后，再进行适度压榨，然后把西瓜和西瓜汁一起放入特殊的容器中通过自然发酵而成，因西瓜汁中所含的糖分经过发酵被转化成酒精而制成的，因此西瓜酒就会集色、香、味为一体，是富有营养价值的开胃绿色酒。

（五）提取果胶

果胶在食品、医药和日用化工行业中具有广泛用途，一直是国内外市场的紧俏物资。瓜皮中的果胶物质含量极为丰富，占鲜果皮的 1.5%~2.5%。一般乡镇企业及农户都能生产，目前有酸解醇析和二氧化硫脱色两种提取方法。

西瓜皮制果胶：

1. 原料

选用新鲜、无腐烂的西瓜皮，除去泥沙，洗净。

2. 制作方法

（1）蒸煮压榨、水解过滤、脱色浓缩。为了杀灭活细胞中的果胶酶，将洗净的瓜皮放进蒸笼，蒸至瓜皮变软、有水析出滴下。压榨：将蒸透的瓜皮放入布袋，尽量榨干，以提高果胶的纯度。水解：将榨干的原料置于耐腐蚀的容器中，加入瓜皮量 3~4 倍的水，加酸（如醋酸等食用酸）调 pH 值至 2 左右，加热至 98~100℃，保持一定时间。此步操作若酸度大、温度高，则需要时间较短；否则，果胶水解过度；若酸度小、温度低，则需要时间较长，否则，果胶水解不出。过滤：用布袋压榨过滤，收集滤液，将滤渣加 2 倍水，以适量酸调节 pH 值至 2 左右，用上述方法再水解过滤 1 次，弃去滤渣，合并两次滤液。脱色：在滤液中加入 0.3%~0.5% 的活性炭，在 55~60℃下脱色 30 min，收集滤液。浓缩：将脱色后的液体进行真空浓缩至固形物含量达到 8%。

（2）醇析压榨。在浓缩液中加入浓度 90% 的乙醇（酒精），用量为浓缩液的 2 倍，即可看到果胶絮凝析出。压榨：将絮状果胶装入细布袋，压除液体。醇洗：将榨得的果胶用 5% 乙醇洗涤，随后榨去乙醇。

（3）干燥粉碎。将固体果胶置于搪瓷盘中，在 65~75℃温度下烘烤至水分降至 8% 以下。粉碎：将烘干后的固体果胶在干燥环境中研磨粉碎，过 60 目筛后即得成品。

（六）提取西瓜霜

西瓜霜是西瓜皮上附有的一层白色霜状粉末，为西瓜皮和皮硝混合制成的白色粉粒状结晶，形似粗盐，遇热即化。鉴别西瓜霜以洁白、纯净、无泥屑、无杂质者为佳。

中医理论素有“咽喉口齿诸病皆属于火”之说，咽喉口腔、嗓子、牙齿的主要病理变化——红肿、疼痛、化脓等归为“火”的表现。西瓜霜，具有清热泻火、消肿止痛的优良功效，被历代医家视为咽喉、口腔良药，清代名医顾世澄将其正式载入《疡医大全》，至今已有 200 余年。

桂林三金药业集团公司邹节明先生以西瓜霜为主药，配以冰片、薄荷脑等优质中药组方，制成了“西瓜霜润喉片”，对防治咽喉肿痛、声音嘶哑、喉痹、喉痛、喉蛾、口糜、口舌生疮、牙痛、急慢性咽喉炎、扁桃体炎、口腔类等上呼吸道及口腔疾病均有较好的疗效。

（七）提取功能性成分

像其他类胡萝卜素诸如叶黄素和 β－胡萝卜素一样，番茄红素是一个很好的自由基清道夫，在人类和植物中起着双重的作用（Jones and Porter，1999）。在人体中，番茄红素是维生素 A 的合成前体，更是一种强抗氧化剂，其抗氧化作用是 β－胡萝卜素的 3 倍，维生素 E 的 100 多倍。它通过清除自由氧、活性分子和修复被破坏的 DNA 链的作用，保护机体细胞免受氧化伤害而实现其生理活性，能有效地防治前列腺癌、食管癌、胃癌、皮肤癌、肺癌、乳腺癌等。据报道摄入大量番茄红素，人类死于癌症比例要少 50% 左右，而且可防止心血管病。美国心脏协会授权在西瓜产品上可以使用有利于心脏健康的标志“Heart healthy”。它的医药和保健功能正日益受到人类的关注，也成为生物、农业、医药等领域的研究热点。

美国农业部 Beltsville 农业研究中心营养学家 Beverly 和 Edwards 最新研究发现（Edwards，2003），西瓜中的番茄红素是有利于人类健康更有效的资源，比番茄中的番茄红素更容易被人体吸收，其有效性比番茄多出 40%。西瓜果实中番茄红素鲜食即可被人体直接吸收而产生保健作用，而番茄中的番茄红素需要加热才能被人体利用。因此高番茄红素含量的西瓜作为鲜食西瓜，其市场需求是十分巨大的。而且西瓜中的番茄红素相对比较稳定，贮藏中仍能保持其有效含量。

瓜氨酸能够使人体产生出氮氧化物，而氮氧化物能够提高男性的性能力。此外，瓜氨酸还能全面增强男子的身体状况，促进血液循环，保护心血管。瓜氨酸还可以作为抗衰老、提高免疫力的保健品和女性护肤去斑的美容品。瓜氨酸是首先从西瓜汁中发现的人体内非蛋白质氨基酸。后来在酸甜瓜、黄瓜、香瓜、南瓜、葫芦中均有发现。现在生产上用的无籽西瓜均为三倍体西瓜，而多倍体又能使次生物质成倍增加，我们研究得出诸如同基因型西瓜中多倍体西瓜的番茄红素、瓜氨酸、维生素 C 等物质比二倍体有籽西瓜含量高出 30%~40%。

中国农业科学院郑州果树研究所和大兴区2006年开始了功能性西瓜新品种选育及加工研究。对西瓜功能性成分瓜氨酸、番茄红素、维生素C等进行了相关研究，也获得了相应的品种。通过北京健力药业有限公司，完成了实验室在西瓜中提取瓜氨酸、番茄红素、精氨酸、瓜籽蛋白、西瓜水、西瓜膳食纤维、西瓜果糖浆等基础研究和中试生产，并开始扩大生产。

（八）用西瓜加工成鲜食和菜肴

西瓜雕刻、西瓜羹、西瓜粥、西瓜菜……这些以西瓜为主要原料做出的各式各样的菜肴摆放在一起，就组成了一道美味的“西瓜宴”。

（九）无籽西瓜加工的注意事项

无籽西瓜风味较淡，在加工过程中很容易发生变化。某些加工条件对西瓜果汁风味有很大的影响。

（1）西瓜不宜在高温条件下加工，高温会促使西瓜产生加热臭，即低温对西瓜风味的保存有一定的作用，西瓜加工产品可采用低温结合其他方式进行灭菌。

（2）西瓜加工产品含酸量不宜过高，有机酸可能会加速其风味变化。

（3）西瓜中含过氧化酶等，果汁加工过程中的风味物质氧化发生变味。

（4）食糖对西瓜风味影响不大，但糖浓度高加工品太甜。对西瓜果汁来说，通过调整适宜的糖酸比来确定糖的用量。

（5）冲洗用清洗剂的选择：水果进行加工之前需先用水冲洗，以去除灰尘、污物及杀虫剂等可能引起果实污染的物质，再用含NaClO的清洁水浸泡以控制果实表面微生物数量。一般果实所用的消毒水含氯浓度为50~200 μL/L，另外，钙离子与氯水结合使用对果实表面的消毒效果更佳。消毒后要用清水冲洗干净果实表面。然而，美国科学家最新的研究证明，氯在水中可能形成致癌的含氯化学物质，因此目前的研究集中于寻找新型安全的消毒方法以替代氯用于水果的消毒。有研究表明，过氧化氢处理可使西瓜货架期比氯水处理延长4~5 d，且在两周内微生物都被控制在安全范围内。

第四章
有籽西瓜栽培技术

第一节　有籽西瓜主要品种

一、大果型品种

（一）雪龙1号

湖南雪峰种业有限责任公司选育。全生育期98 d左右，果实成熟期35 d左右。植株生长势强、抗病抗逆性强。果实椭圆形，果形指数1.33。果皮浅绿色底上有墨绿齿条带，皮厚1.2 cm左右，易坐果，果实整齐度高，单果重6~8 kg。瓤色粉红，肉质脆细，纤维少，中心可溶性固形物含量12%左右，口感风味好。亩产量4000 kg左右，高产可达5000 kg。

（二）雪龙2号

湖南雪峰种业有限责任公司选育。全生育期98~105 d，果实成熟天数33~35 d；植株生长势和耐病抗逆性强，果实椭圆形，果形指数1.38左右；果皮墨绿，覆深墨绿花条带，果皮厚1.2 cm，耐贮运；果肉大红，中心可溶性固形物含量12%左右，肉质细脆；单瓜重7 kg左右，亩产4000 kg左右，高产可达5000 kg以上。

（三）雪龙3号

湖南雪峰种业有限责任公司选育。中熟有籽西瓜一代杂种，全生育期

96 d 左右，果实发育期 35 d 左右，植株生长势和耐病抗逆性强，高抗枯萎病，易坐果。果实椭圆形，果皮绿色有墨绿色条带，果皮硬度强，耐贮运。果肉深红，剖面好，肉质脆，口感风味好。中心可溶性固形物含量 12.5% 左右，边部 8.6% 左右。单果重 7 kg 左右，亩产 4000 kg 左右，高产可达 5000 kg 以上。

（四）西农 9 号

湖南省瓜类研究所选育。大果型，中晚熟种。生长健壮，高抗枯萎病，耐重茬。坐果性好，果实发育期 38 d 左右。果形椭圆，果皮绿底具深绿色条带，外观美，果肉红色，质脆细嫩，甜度高，梯度小，中心糖度 11.5 左右，果皮坚韧耐贮运。单果重 8 kg 左右，大者可达 20 kg 以上，亩产量 4000~5000 kg。

（五）西农 8 号

西北农业大学选育。该品种属中晚熟西瓜品种，开花到果实成熟约 36 d，全生育期 95 d。果实椭圆形，浅绿色果皮覆有深绿色条带。果皮厚 1.1cm，耐贮运。单果重一般为 8 kg 左右，大者可达 18 kg 以上。肉质细嫩，可溶性固形物含量 11% 以上，品质好。一般亩产 4000 kg，高产田块可达 5000 kg 以上，品质好。

（六）雪峰大宝

湖南省瓜类研究所选育。中熟大果型有籽西瓜品种。春季露地栽培，全生育期 92 d 左右，果实成熟期 30 d 左右。植株生长势较强，抗病抗逆性强。易坐果。果实椭圆形，果形指数 1.35，单果重 6 kg 左右，果皮浅绿色有墨绿齿条带，果皮厚 1.0 cm 左右。果肉红色，剖面好。果实肉质脆，口感风味好，中心可溶性固形物含量 12% 左右。亩产 4000 kg 左右。

（七）金城 5 号

中卫市金城种业有限责任公司选育。植株生长势强，全生育期 105 d，果实椭圆形，浅绿色底，深绿色锯齿状条带，皮厚小于 1.3 cm，平均单果重 7.3 kg 左右，果肉红色；中心可溶性固形物 12.5%，质酥脆，口感甜爽，商品性好，极耐贮运。高抗枯萎病和炭疽病，在连续阴雨天能正常生长，耐低温弱光性强。一般亩产 4500~5000 kg，比对照西农 8 号增产 10.7%。

（八）雪峰黑宝

湖南省瓜类研究所选育。中晚熟大果型有籽西瓜品种。春季露地栽培，全生育期 98 d 左右，果实发育期 35 d 左右。植株生长势和抗病性、抗逆性强。坐果性好。果实椭圆形，果形指数 1.40，单果重 7 kg 左右，果皮墨绿色，果皮厚 1.1 cm 左右，硬度强，耐贮运。果肉鲜红色，剖面好。果实肉质脆，中心可溶性固形物含量 12.0% 左右，口感风味好。亩产 4000~5000 kg。

（九）大果泉鑫

湖南博达隆科技发展有限公司选育。中晚熟品种，全生育期 95 d 左右。植株生长势强，耐湿热，果皮坚韧耐贮运，适应性广。果实高圆形，果皮绿色覆暗绿齿条带。瓤色深红，瓤质脆而多汁，中心含糖量 11.2%。单果重 6~7 kg，一般亩产 4000 kg，高产可达 5000 kg。

（十）东方花冠

湖南博达隆科技发展有限公司选育。中熟品种，全生育期 100 d 左右；植株生长势强，抗病耐湿，适应性广。果实椭圆形，果皮绿底覆宽齿条带，果皮厚度 1.0 cm 左右，硬性高，抗裂性强，耐贮运；瓤色大红，中心含糖量 11.5% 左右，口感风味好，品质优，单果重 6~9 kg，坐果性强，一般亩产 4000 kg。

（十一）东方冠龙

湖南博达隆科技发展有限公司选育。中熟杂交一代品种。全生育期 95 d 左右，植株生长势强，抗病耐湿，适应性广。果实椭圆形，果皮绿色底覆有墨绿色条带，耐贮运，一般单果重 8 kg 左右，肉质沙脆爽口，中心含糖量 12% 以上，一般亩产 4000 kg，高产可达 5000 kg。

（十二）华欣

北京市农林科学院蔬菜研究中心选育。植株生长势稳健，果实发育期 35 d。果实高圆形，果形指数 1.05，果皮绿色覆细齿条，有蜡粉，皮厚 1.0 cm，果皮较脆。果肉深红色，中心折光糖含量 10.9%，肉质脆，口感好。果实商品率 98.5%，坐果性好。单果重 7~8 kg，第一生长周期亩产 3963.5 kg，比对照京欣 1 号增产 15.6%，第二生长周期亩产 4025.9 kg，比对照京欣 1 号增产 15.2%。

（十三）京美

北京市农林科学院蔬菜研究中心选育。高产，易坐果，果肉大红色，肉质脆嫩，风味佳；中心可溶性固形物含量 12% 左右，皮厚 1.0 cm 左右，耐裂，平均单果重 8 kg 以上，大的可达 12 kg 左右。中心可溶性固形物含量 11%~12%，肉质脆、纤维少，耐储运；第一生长周期亩产 3800 kg，比对照京欣 2 号增产 26.67%；第二生长周期亩产 3600 kg，比对照京欣 2 号增产 18.81%。

二、中大果型品种

（一）红大

由湖南省瓜类研究所选育从日本引进品种。为中熟偏早的一代杂种西瓜品种，全生育期 88~90 d，果实发育期 29~30 d。植株生长势较强，抗病抗逆性强，极易坐果。果实高球形，果皮绿色底上覆深绿色虎纹状条带，果形端正，果实剖面鲜红一致，纤维少，肉质细而脆，果皮厚 0.8 cm，耐贮运，口感风味上佳。果实中心含糖量 12%~13%，中边糖梯度小。亩产 3000 kg 左右。

（二）雪峰早蜜

湖南省瓜类研究所选育。中熟大果型有籽西瓜一代杂种，春季露地栽培，全生育期 90 d 左右，果实成熟期 28 d 左右。植株生长势和抗病性较强，抗逆性强。坐果性好。果实圆球形，果形指数 1.02，单果重 5~7 kg，果实整齐度高，果皮绿色有墨绿齿条带，果皮厚 0.8 cm 左右。果肉红色，剖面好，中心可溶性固形物含量 12%~13%。口感风味极好。亩产 3500~4000 kg。大棚栽培多次采收亩产量可达 6000 kg 以上。特别适于保护地栽培。

（三）雪峰黑媚娘

湖南省瓜类研究所选育。雪峰黑媚娘为中早熟有籽西瓜一代杂种，全生育期约 90 d，果实发育期约 30 d。植株生长势和抗病性强。易坐果。果实圆球形，整齐度高，单果质量 5~7 kg，果皮深绿色有隐墨绿条纹 。瓤色鲜红，瓤质脆，纤维少，中心可溶性固形物含量 12.5% 左右，口感风味极好。亩产量 3500~4000 kg。

（四）雪峰甜王

湖南省瓜类研究所选育。全生育期 92 d 左右，果实发育期 30 d 左右，植株长势强和抗病性强。果实短椭圆形，果皮绿底上覆墨绿齿条带，果皮厚度 1.1 cm，果肉大红，纤维少，肉质沙脆，中心折光糖含量 12%~13%，单果重 5 kg 左右，一般亩产 2600~3000 kg。

（五）京欣一号

北京市农林科学院蔬菜研究中心选育。早熟品种，全生育期 90~95 d，果实发育期 28~30 d，抗枯萎病、炭疽病较强，在低温弱光条件下容易坐果。果实圆形，果皮绿色，上有薄薄的白色蜡粉，有明显绿色条带 15~17 条，果皮厚度 1 cm，肉色桃红，纤维极少，中心含糖量 11%~12%，平均单果重 5~6 kg，最大可达 18 kg。一般亩产 4000 kg 左右。

（六）早佳（8424）

新疆农科院选育。杂交一代早熟品种。植株生长稳健，坐果性好。开花至成熟 28 d 左右。果实圆形，单果重 5~8 kg。果皮绿色底覆有青黑色条斑，皮厚 0.8~1 cm，不耐贮运。果肉粉红色，肉质松脆多汁，中心可溶性固形物含量 12%，边缘 9% 左右，品质佳。耐低温弱光照。一般亩产可达 3000 kg。适宜作保护地早熟栽培。

（七）东方美佳

湖南博达隆科技发展有限公司选育。中早熟品种，全生育期 95 d 左右，果实发育期 29 d；果实椭圆形，果皮深绿色，覆狭条带，有蜡粉，皮厚 0.9 cm；瓤色深红，肉质沙脆，纤维少，剖面好，口感好，品质优；中心含糖量 11%~12%，单果重 4 ~5 kg，一般亩产 2500 kg 左右。

（八）泉鑫 1 号

湖南博达隆科技发展有限公司选育。中熟品种，全生育期 90 d 左右，植株生长势强，抗病耐湿，耐贮运。果实高圆形，皮色深绿，覆墨绿色暗条纹，瓤色深红，脆而多汁，中心含糖量 11.5%，单果重 5 kg 以上，亩产量 3500 kg 左右。

（九）东方圣女

湖南博达隆科技发展有限公司选育。中熟品种，全生育期 85 d 左右；植株生长势强，抗性耐湿，适应性广。果实短椭圆形，果皮黑色，上覆蜡粉，皮薄且坚硬，极耐贮运；瓤色鲜黄，中心含糖量 12% 左右，口感风味好，品质优，单果重 5~7 kg，坐果性好，一般亩产 3500 kg 左右。

（十）丰乐 5 号

合肥丰乐种业股份有限公司选育。全生育期 90d 左右，果实发育期 30~31 d。植株生长势稳健。果实椭圆形，浅黑色底上覆盖暗条带，果皮 1.0 cm。果肉浓粉色，中心可溶性固形物含量 12.5% 左右，肉质脆细。抗逆性强，抗枯萎病兼抗炭疽病。平均单果重 4~5 kg，平均亩产 3100 kg 左右。

（十一）丰乐冠龙

合肥丰乐种业股份有限公司选育。全生育期 95 d 左右，果实发育期 32 d。植株长势平稳，分枝性较强，易坐果。果实椭圆形，果形指数 1.3，果皮浅绿底上覆盖深绿色细条带，果皮厚度 1.1 cm。果肉红色，中心折光糖含量 11.9% 左右。平均单果重 5~6 kg，平均亩产量 2800 kg 左右。

三、小果型品种

（一）红小玉

由湖南省瓜类研究所选育从日本引进品种。早熟小型西瓜杂种一代，全生育期 88 d 左右，果实发育期 28 d 左右。植株生长势旺盛。耐病抗逆性强，耐低温性较好。坐果性好，主蔓、侧蔓、孙蔓均可坐果，可连续坐果。果实高球形，果形指数 1.1，单果重 2 kg 左右，果形端正。果皮深绿色有 16~17 条细虎纹状条带。皮极薄，仅 0.3 cm，较耐贮运。果肉浓桃红色，质脆沙、味甜，中心含糖量 12%~13%，口感风味佳。露地爬地栽培亩产 2000 kg，立架栽培可达 3000 kg。

（二）黄小玉

由湖南省瓜类研究所选育从日本引进品种。早熟小型西瓜杂种一代，全生育期 90 d 左右，果实发育期 28 d。植株生长势中等，分枝力强。坐果性好，单株坐果 2~3 个。耐病抗逆性强，耐炭疽病、疫病，低温生长性良好。果实高球形，果形指数 1.13，单果重 2.0 kg 左右。果皮翠绿色有虎纹状条带，皮极薄，仅 0.3 cm，皮韧，较耐贮运。果肉浓黄，肉质脆沙细嫩，味甜爽口，不倒瓤，中心含糖量 12%~13%，口感风味佳。一般亩产 2000~3000kg。

（三）金福

湖南省瓜类研究所选育。早熟小型西瓜杂种一代，全生育期 90 d 左右，果实发育期 28 d 左右。植株生长势强。坐果性好。耐病抗逆性强，低温生长性良好。果实高球形，果皮黄色上覆浓黄色细条带，着色均匀，果肉红色，剖面均匀，肉质细，果实中心含糖量 12% 左右，口感风味好；果实商品率高；单瓜重 2~2.5 kg。亩产 2500~3500 kg。

（四）雪峰小玉 5 号

湖南省瓜类研究所选育。植株生长势中等偏强，抗病性强，坐果性好，单株坐果 2 个左右。果实球形，果皮黑色有极少许绿斑点，皮厚 0.5 cm 。果皮硬度强，不裂果，耐贮运性好。果肉浓桃红色，肉质细脆，味甜爽口，纤维极少，中心含糖量 12%~13%，单果重 2 kg 左右，亩产量 2000~3000 kg。适于湖南及周边西瓜种植地区。露地、保护地栽培或爬地、立架栽培均可。

（五）雪峰小玉 7 号

湖南省瓜类研究所选育。早熟黑皮黄瓤小果型有籽西瓜一代杂种。全生育期 85~87 天，果实成熟期 26 d 左右。植株生长势和抗病性强。坐果性好，单株坐果 2 个左右。果实高球形，单果重 1.5~2.5 kg，果皮青黑色隐条纹，皮厚约 0.5 cm，硬度强，不裂果，耐贮运性好。瓤色黄，肉质脆，纤维少，中心可溶性固形物含量 12% 左右，口感风味好。爬地栽培亩产量为 2000~2500 kg，立架栽培亩产量一般 2500~3500 kg。适于全国西瓜种植地区。露地、保护地栽培或爬地、立架栽培均可。

（六）雪峰小玉 8 号

湖南省瓜类研究所选育。全生育期 85 d 左右，果实发育期 25 d 左右。植株生长势强，抗病抗逆性强，坐果性好。果实长椭圆形、深绿有墨绿条带、黄瓤、特耐贮运二倍体小果型西瓜新品种。果皮厚约 0.7 cm，果皮硬度 26 kg/cm^2，不裂果，特耐贮运；中心可溶性固形物含量 12.5%~13%；单果重 2~3kg，亩产量 2000~3500 kg。适于全国西瓜种植地区。适宜于早春大棚、春季露地和夏、秋延后栽培。

（七）雪峰小玉 9 号

湖南省瓜类研究所选育。早熟小果型西瓜新品种。雌花开放至果实成熟 28 d 左右。植株生长势和抗病性较强，抗逆性强，耐低温弱光性好。果实短椭圆至椭圆形，果皮绿色有墨绿色细条带，外形美观，皮厚 0.3~0.4 cm。果肉鲜红色，剖面好，肉质细嫩，汁多味甜爽口。中心可溶性固形物含量 12%~13%。单果平均重 2 kg。亩产量：爬地栽培 2000 kg 左右，立架栽培 2500 kg 以上。适于全国西瓜种植地区，特别适宜保护地栽培。

（八）玉兰

湖南省瓜类研究所选育。植株生长势强，耐病抗逆性强，耐低温，弱光性好，易坐果，果实成熟期 26 d 左右。果实高球形，果皮深绿色，上覆墨绿齿条带，皮极薄，单果重 2.5 kg 左右。果肉浓黄色，中心糖含量 12.5% 左右，口感风味佳。一般亩产量 2500 kg。适宜全国西瓜种植地区，特别适于保护地栽培。

（九）雪峰橙玉

湖南省瓜类研究所选育。植株生长势较强，全生育期春季常规栽培 86 d

左右，果实成熟期 26 d 左右，易坐果。果实高球形，果皮绿底上覆墨绿色细条带，外观漂亮。单果重 2~3 kg，皮厚 0.4 cm 左右，果肉橙黄色，中心可溶性固形物含量 12.5% 左右。亩产量：爬地栽培 2000 kg 左右，立架栽培 2500~3500 kg。适宜于全国西瓜种植地区。特适于保护地栽培。

（十）雪峰黑媚人

湖南省瓜类研究所选育。早熟中小果型西瓜品种，全生育期 90 d 左右，果实成熟期 28 d 左右。植株生长势强，抗病抗逆性强，坐果性好。果实长椭圆形，果形指数 1.54，单果重 5~6 kg，果皮深绿色有隐纹，果肉鲜红色，果实中心含糖量 12% 左右，皮厚 1.0 cm 左右，硬度强，特耐贮运。亩产 3000 kg 左右。

（十一）京秀

北京市农林科学院蔬菜研究中心选育。早熟西瓜品种，果实发育期 26~28 d，全生育期 85~90 d。植株生长势强，果实椭圆形，果皮绿色，覆有锯齿形窄条带。平均单果重 1.5~2.0 kg，亩产量 2500~3000 kg。果实剖面均一，无空心、无白筋；瓜瓤红色，肉质脆嫩，口感好，风味佳，少籽。中心可溶性固形物含量 13.9% 以上。

（十二）甜宝小玉

湖南博达隆科技发展有限公司选育。早熟品种，全生育期 85 d 左右；植株生长势强，抗性强；果实短椭圆形，果皮绿底覆窄齿条带，果皮厚度 0.6 cm 左右，果皮韧性好，耐贮运，适应性广；瓤色大红，可食率高，中心含糖量 13% 左右，口感风味好，品质优；单果重 2~3 kg，果实商品率高达 96% 以上，一般亩产 2000~2500 kg。

（十三）珍冠

湖南博达隆科技发展有限公司选育。早熟品种，全生育期 85 d 左右。植株生长势强，抗病耐湿，果实椭圆形，果皮绿色覆墨绿色齿条。皮薄坚韧，瓤色鲜红，肉质沙脆，风味佳，中心含糖量 12.1% 以上。单果重 2.6 kg，坐果性好，产量高，耐贮运，适应性广。

（十四）珍玉

湖南博达隆科技发展有限公司选育。早熟品种，全生育期 86 d 左右，植株生长势强，抗病耐湿，适应性广。果实高圆形，果皮绿色覆墨绿色齿条带，瓤色鲜黄，肉质沙脆，纤维少，中心含糖量 12%，单果重 2.6 kg 左右，大棚立架栽培折合亩产量 2800 kg 左右。

（十五）东方甜宝

湖南博达隆科技发展有限公司选育。早熟品种，全生育期 85 d 左右；植株生长势中等，抗性强，果实圆球形，果皮绿底覆窄齿条带，果皮厚度 0.5cm 左右，果皮韧性好，瓤色大红，可食率高，肉质沙脆，中心含糖量 12%~13.5%，口感风味好，品质优；单果重 2.5~3 kg，一般亩产 2000~2500 kg。

（十六）东方美玉

湖南博达隆科技发展有限公司选育。中早熟品种，全生育期 98 d 左右，植株生长势中等，抗性强，果实高圆形，果皮绿色覆墨绿色窄齿条带，果皮厚度 0.5cm 左右，果皮韧性好，瓤色鲜黄，肉质细嫩，口感风味好，可食率高，中心含糖量 12% 左右，品质优，单果重 3~4.5 kg，坐果性好，一般亩产 2000~2500 kg。

（十七）泉鑫 2 号

湖南博达隆科技发展有限公司选育。早熟品种，全生育期 85 d 左右，植株生长势强，适应性广。果实短椭圆形，果皮浅黄色覆有黄色细条纹，瓤色鲜黄有绿色纤维，肉质沙脆，含糖量高，单果重 2.5 kg 左右，亩产量 2000 kg 以上。

（十八）金玉玲珑

中国农业科学院郑州果树研究所选育。全生育期 85 d 左右，果实发育天数约 28 d。植株生长势中庸、稳健。果实高圆形，果形指数 1.1，浅绿果皮上覆深绿色齿状条带，中心含糖量 11.0%~12.0%，果肉橙黄色。平均单瓜重 1.5~2.0 kg，该品种坐果优良，可坐多茬果，丰产性在小果型西瓜品种间表现好。果皮厚度平均为 0.4 cm。该品种抗逆性好。第一生长周期亩产 2457 kg，比对照黄小玉增产 7%，第二生长周期亩产 2903 kg，比对照黄小玉增产 12.5%。

（十九）湘育冰晶

湖南省隆平高科湘园瓜果种苗分公司选育。早熟，春夏栽培全生育期 85 d 左右，夏秋栽培 70 d 左右；植株生长势较强，较抗枯萎病、炭疽病和疫病，坐果性好。果实近圆形，皮薄，肉质晶黄，细嫩无渣，熟性早，耐低温，单瓜质量 1~1.5 kg，商品率高。一般亩产量 2300 kg。

（二十）湘育黄美人

湖南省隆平高科湘园瓜果种苗分公司选育。早熟，春栽全生育期 88 d 左右，秋栽 72 d 左右。单果重 3 kg 左右，抗病抗逆性强，抗热耐湿性好，适合多季节栽培。果实花皮，黄瓤，肉质细嫩，化渣，口感佳，中心可溶性固形物含量 10.9%~12.9%；果皮硬韧，耐贮运性较强。一般亩产量 2500 kg 左右。

第二节　露地西瓜轻简化栽培技术

一、品种选择

选择耐病、抗逆性强、产量高、品质优、果实商品率高、耐贮运、适应性好的品种，经过多年的种植实践和市场选择，有籽西瓜主要选择雪峰黑媚人、黑美人、雪峰黑媚娘、京欣系列等品种；无籽西瓜主要选择雪峰花皮无籽、雪峰黑马王子、雪峰大玉无籽 4 号、洞庭 1 号等品种。

二、培育壮苗

一般采用就近集中穴盘育苗或购苗，3 月下旬至 4 月上旬播种。针对栽培 2 年以上西瓜的大田采用农户自行嫁接育苗或去育苗专业户购买嫁接苗，育苗一般采用基质穴盘育苗。由于嫁接苗生产费工、费时、管理要求高、风

雪峰黑媚娘

雪峰花皮无籽

雪峰甜王

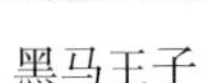

黑马王子

黑美人

图 4-1　部分西瓜品种

险较大，培育出的嫁接苗质量不高，自育苗数量逐步减少。育苗专业户由于设施环控条件较好，技术熟练，专业管理，培育的嫁接苗粗壮抗病，病害减少，农药和肥料投入相应可以减少。所以现在越来越多的西瓜专业种植户到育苗场购买嫁接苗。高质量嫁接苗是西瓜简约化栽培优质丰产最重要的基础之一。

三、定植前机械化操作

冬前水稻田用拖拉机进行土壤深翻，深度约 30 cm，早春抢晴天重复耕一次，开好“三沟”，同时采用深沟高畦栽培。畦宽 4~5 m（包沟），腰沟深 0.4 m，畦沟中断稍浅（约 0.25 m），两头稍深（0.3 m），围沟深 0.5 m，要求沟沟相通，雨停田间无积水。旱地坡地冬前用旋耕机翻地，早春抢晴天重耕一次，一般地块较小而狭长的只需开好厢沟即可，如地块较宽大而狭长的需开好围沟和厢沟，如地块宽大的需开好围沟、腰沟和厢沟，具体可参照水稻田的“三沟”要求，考虑到旱地一般排水较好且灌水较难，开沟的深度要适当浅些。

图 4-2　机械化翻地

四、稀植栽培不整枝

定植前 3~5 天，在每畦中央铺地膜，以利于提高地温。在定植时，先用直径 5 cm 的铁筒在膜上打孔。西瓜在 4 月中下旬，苗龄二叶一心到三叶一心时，选晴好天气定植到打孔的洞中，移栽时，一定要对瓜苗进行分级移栽，但要注意不要让秧苗栽在肥堆上。如果是嫁接苗，一定要保持嫁接口离土面 2~3 cm，以免产生不定根，从而失去嫁接的作用；同时经常及时清除砧木萌生芽或藤蔓。一般每亩定植 200 株左

图 4-3　稀植栽培

右，肥力水平高的适当稀植，反之则适当密植。稀植栽培原则上不整枝，只是在瓜蔓生长前期选留 5 条蔓，即一主蔓 4 侧蔓，其余的蔓全部打掉，并把 5 条蔓均匀分布在畦面 5 个不同的方向，以后不再整枝打杈。

五、水肥一体化技术

在整地作畦覆膜之前，在每条定植带上铺设 1 根滴管。湖南露地西瓜一般 6 月之前不需要滴水，施肥采用沟施或穴施。7 月份后进入高温期，根据瓜苗生长情况利用滴管进行滴水和施肥。这项技术节水节肥，可控性强，水肥利用率高，省工省时，提质增效，又可避免肥料（尤其是铵态和尿素态氮肥）在较干表土层的挥发损失等问题。

图 4-4　水肥一体化

六、病虫害防治

病虫害防治应该以预防为主，进行综合防治，具体可参考“西瓜、甜瓜病虫害防治技术”进行。

七、适时坐果和采收

留瓜部位的选择对西瓜的单果大小、品质和产量高低有直接影响，一般应选留主蔓第 3 至第 4 雌花节或侧蔓第 2 至第 3 雌花节坐果。授粉方式采用天然虫媒授粉。无籽西瓜栽培采用 3 行无籽西瓜栽 1 行授粉有籽西瓜，小丘地块采用 3 株无籽西瓜栽 1 株授粉有籽西瓜，注意无籽西瓜与有籽西瓜区分要明显，便于分类采摘。当果实鸡蛋大时，需选果定瓜，应选留子房肥大、瓜形正常、色泽新鲜发亮的幼瓜，其余的瓜全部摘掉。在采收前 5~7 天选留好下一批小瓜，采收前一批瓜后立即施下一批瓜的壮果肥，一般可采收 3~4 批瓜。

八、经济效益分析

调查中得知，使用简约化栽培西瓜，一般有 2 个劳动力的家庭（一般为夫妻）每年可种植 6 hm^2 西瓜，2013 年调查西瓜亩产值 4200 元，投入 1155 元，每亩纯收入达 3045 元，一年种瓜可得纯收入 274050 元；而采用常规栽培模式每年只能种植 0.67 hm^2 西瓜，每亩产值 4200 元，投入 2170 元，一年可得纯收入 20300 元。由此可以看出采用简约化栽培技术，可以大大提高种植效益，西瓜产业成了当地的富民产业（表 4–1）。

表 4–1　西瓜简约化栽培和常规栽培效益对比分析

	简约化栽培	常规化栽培
密度（株/亩）	200	500
瓜苗成本（元）	160	400
化肥（元）	300	250
农家肥（元）	200	200
农药成本	60	80
滴管	120	0
薄膜	15	40
平均用工（天）	2~3 （100 元/天，计 300 元）	12 （100 元/天，计 1200 元）
成本合计	1155 元/亩	2170 元/亩
平均亩产（kg）	3000	3000
每千克平均单价（元）	1.4	1.4
产值	4200	4200
每户夫妻种植面积（亩）	100	10

第三节　大棚西瓜长季节栽培技术

大棚西瓜长季节高产栽培，可解决西瓜下市早、供应期短、不能满足消费者在夏末和秋季食用新鲜西瓜需求的难题，采收期从 5 月上中旬至 10 月底，采瓜 5~6 批，平均亩产量达 8856 kg，高产田块每亩达 10000 kg，每亩产值 20000~30000 元，经济效益显著，是一项很有发展潜力的高效西瓜种植模式。下面介绍两种西瓜长季节栽培技术。

一、自根苗长季节栽培技术

（一）品种及田块选择

1. 品种

选择早熟、高产、优质、抗病、耐低温弱光、耐热、果型适中的早佳、红大、雪峰黑媚娘、雪峰早蜜等品种。

雪峰黑媚娘西瓜新品种全生育期 90 d 左右，果实成熟期 28 d 左右。植株生长势中等，抗病性强，易坐果，单株坐果数为 1.2 个左右，果实整齐度高，果实高圆球形，果皮深绿色有墨绿色隐条带，瓤色鲜红，果皮厚度 1 cm 左右，肉质细脆，纤维少，味甜多汁，口感风味极佳，耐贮运，果实中心可溶性固形物含量为 12% 以上，单果重 5~7 kg，栽培适应性广，适合于露地、保护地多季节栽培，大棚长季节栽培亩产量 10000~12000 kg。

雪峰早蜜西瓜新品种全生育期 90 d 左右，果实发育期 28 d 左右，植株生长势和抗逆抗病性强，坐果性好，单果重 6 kg 左右，果实外观漂亮，果皮浅绿底上有墨绿色条带。果实圆球形，果肉桃红，果皮厚度 1 cm 左右，果实中心折光糖含量 12.5% 左右，中边糖梯度小，口感风味好，商品性好，商品率高，果实整齐度高，大棚长季节栽培亩产量 10000~11000 kg。适合我国南北西瓜产区栽培种植。

红大西瓜新品种为中熟偏早的一代杂种品种，全生育期 88~90 d，果实成熟期 29~30 d，植株生长势中等，分枝力强，抗病性强。极易坐果，果实高球形，果皮绿色底上覆墨绿色虎纹状条带，单果重 6 kg 左右，果实剖面鲜红一致，纤维少，肉质细而脆，汁多味甜，果皮厚 0.8~1.0 cm，皮薄且硬，耐贮运，口感风味上佳。果实中心折光糖含量 12%~13%，中边糖梯度小，大棚长季节栽培亩产量 10000~11000 kg。适合我国南北西瓜产区栽培种植。

图 4-5　雪峰早蜜（左）和雪峰黑媚娘（右）

2. 田块

要求选择光照充足、土质疏松、排灌方便、5 年以上未种过瓜类的相对平整大田块，以中等肥力的沙壤土最佳。

（二）育苗

1. 营养土配制

用未种过瓜类 5 年以上的无病干燥园土，或用 5 年未种过瓜类的田泥土，粉碎，每立方米土中加氮、磷、钾含量各 15% 的复合肥 250 g，过磷酸钙 250 g，再加 50% 多菌灵 50 g 拌匀，用薄膜覆盖堆制 30 d，过筛备用。如果急用，可直接在市场上购买草炭备用。

2. 营养钵

将营养土装入直径 8 cm 的塑料钵，压实。现在大批量的育苗一般采用穴盘育苗，操作简单，省工省时，取苗方便，育苗成本低。

3. 种子处理

选晴天晒种 1~2 d，注意不能直接放在水泥地晒，以避免烫伤种子，提高种子活力。晒好后浸种方法有两种。方法 1：将完整无损的种子在 55℃（差不多是两份热水加一份冷水）水温中浸种 20~30 min，然后在室温下浸种 2~4 h。浸种完毕，擦去种子表面黏膜，冲洗干净，沥干水分，用湿布包好（注意透气性要好，可以用消过毒的湿毛巾），并用薄膜覆盖保湿。方法 2：在 50% 多菌灵 500 倍液中浸种 3~4 h，处理好后立即用清水充分洗净。浸种完毕，擦去种子表面黏膜，冲洗干净，沥干水分，用湿布包好（注意透气性要好，可以用消过毒的湿毛巾），并用薄膜覆盖保湿。这 2 种方法处理的目的是对种子进行消毒处理。

4. 催芽

催芽的方法很多，可采取恒温箱、光照培养箱、电热毯等方法催芽，催芽采取在 28~32℃变温条件下进行。发芽势好的种子一般 30 h 左右出芽可达 90% 以上，发芽势较好的种子，到破胸露白后，分批拣出芽子，芽子一般可在常温下炼芽 12~18 h。少量种子催芽一般都将种子用湿纱布包好后，再包一层薄膜，然后用布袋围内衣外进行催芽。

5. 苗床

一般在播种前 7 d 左右，选背风向阳，地势平坦、高、干燥的田块搭建宽 5.5~6.5 m，高 1.8 m 左右的大棚，棚上覆盖大棚膜，棚内摆好 1~1.2 m 宽的营养钵或穴盘苗床，上盖一层塑料薄膜增温保温，作育苗之用。大棚四周要开好排水沟。

6. 播种

播种以 1 月底 2 月初为宜。每亩用种量为 25~30 g。采用营养钵或穴盘育苗，一般选晴天播种，播种前一天把营养床淋透，并用多菌灵、甲基托布津等消毒。播种时，一钵播种一粒种子，胚芽朝下，覆盖 0.5 mm 的营养土。播种完后，钵上平铺地膜，搭建宽 1~1.2 m、高 0.8 m 的小拱棚，上面盖好薄膜，加盖覆盖物，密闭大棚。白天棚温保持 25℃，夜温保持 16℃以上。

7. 苗期温度管理

当种苗破土达 25%~30% 时，揭去苗床上平铺的地膜。晴天或多云天气，日出后棚内温度到达 20℃以上，揭去小拱棚上的薄膜；阴雨无日照天气，棚温不低于 15℃时，在中午至下午 2 时，揭去小拱棚上的薄膜，但小拱棚外的大棚不能通风。如果夜温过低，在大棚上覆盖保温物。

8. 苗期水分管理

营养钵或穴盘表土以干为主，尽量不要浇水，以免降低地温，影响根系的发育。当表土发白需要浇水时，一般选择中午温度高时浇水，且要求一次浇透。

9. 出苗一周后要喷药防治立枯病、猝倒病、疫病

用 95% 绿亨 1 号（95% 恶霉灵）4000 倍液 + 72.2% 霜霉威 500 倍液喷雾 1~2 次。每隔 6~7 d 一次。以后接着用 70% 代森联 1200 倍液，叶面喷雾 1~2 次。

10. 炼苗

定植前 5~7 d 炼苗。选择晴天温暖天气，喷一次 72.2% 霜霉威 500 倍液，然后加强通风量，降低温度。注意：如有刮风、下雨、寒流等不利天气，应加盖覆盖物。炼苗视幼苗素质灵活掌握，壮苗少炼或不炼，嫩苗逐步增加炼苗强度。

11. 壮苗标准

苗龄 30~35 d，真叶 3~4 片，叶色浓绿，子叶完整，胚轴粗短，子叶厚、平展，叶色深，根系发达、白嫩。

（三）定植

1. 整地做畦，搭建大棚

要求年前深翻冻垡，定植前 15 d 左右旋耕整地做畦，每畦 6~7 m，畦两边各留 25~30 cm 压膜，搭建高 1.8 m，宽度 5.5~6.5 m 的大棚，覆盖 0.5~0.6 mm 厚的无滴膜。棚间距 1.1 m。每个大棚内划成 2 畦，各栽 1 行西瓜，每畦采用全膜覆盖，考虑到越夏和秋延后期间防雨避病的需要，不用围裙，而用农膜直接覆盖压紧，靠两头通风，因此大棚不能过长，以 25~28 m 为宜，最长不超过 30 m，以保证夏季高温时能较好地通风降温。大棚以南

北向为好，严禁东西向搭大棚。为利于夏季的通风降温，南北2栋大棚不能对齐，要交叉开。

2. 施基肥

定植前1个月，每亩施生物有机肥40~50 kg或腐熟猪牛粪3000 kg左右，挪威产硫酸钾复合肥（15∶15∶15，下同）15kg、过磷酸钙20 kg、硫酸钾镁10 kg，于距西瓜栽植行60~80 cm处开沟施入土中，一般有机肥施于底下，然后覆一层薄土，再施化肥，施后盖土。

3. 铺设滴管，除草盖膜

移栽前10 d将畦平整，移栽前7 d每条瓜畦铺设简易滴管1根，铺设时注意将滴管有微喷孔的一面朝上。整个大棚内外每亩用95%精都尔60 mL，对水20~30 kg喷雾，然后大棚内2畦面用0.14 mm厚的地膜全园覆盖，以降低棚内湿度，减少病害和草害的发生。

4. 移栽时间

瓜苗二叶一心至三叶一心，棚内5 cm地温稳定通过10 ℃以上时即可移栽。一般在2月下旬至3月初移栽。

5. 移栽方法

西瓜采用大棚滴管长季节栽培，密度要稀，以株距80~85 cm为宜，移栽时注意保持每畦苗子大小基本一致，每亩栽250~300株。栽后用0.3%复合肥水+50%多菌灵600倍液配制定根水浇根，移栽后，按种植畦搭建高0.8 m、跨度1~1.2 m的小拱棚保温。

（四）田间管理技术

1. 春季田间管理

（1）温度控制。栽后5~7 d闷棚保温，促进活棵。活棵后注意通风降温，防止烧苗。具体做法：小拱棚内温度20℃以上时，揭去小拱棚膜，棚温30℃以上，打开大棚下风口通风降温，下午棚温30℃左右时关闭通风口，暖棚过夜。瓜苗生长前期为营养生长期，棚温不能过高，较低的温度特别是较低的夜温有利于雌花形成。

（2）喷施微肥。伸蔓前期，叶面喷施 0.3% 磷酸二氢钾 + 翠康花果灵 700 倍液 2 次，促进花芽分化。

（3）理蔓整枝。西瓜伸蔓后及时理藤，让主蔓斜向同一侧生长，当主蔓 50~70 cm 长时，应及时整枝，采用 3 蔓整枝法，每株除保留主蔓外，在植株基部选留 2 条健壮子蔓，摘除其余枝蔓。将 2 条子蔓定向成与主蔓相反方向，以保证后期藤蔓均匀分布，利于西瓜安全越夏。

（4）人工授粉。开花期上午 7~10 时进行人工授粉，阴雨天气推迟 1 h，前期温度低，西瓜雄花花粉少，西瓜难以坐果，可用高效坐果灵喷子房，以提高坐果率，防植株徒长。授粉后应做好标记，作为判断成熟期的参考。

（5）留瓜方法。西瓜长季节栽培考虑到抵御夏季高温，侧重于培育健壮植株越夏，要到主蔓 12~15 节位才开始授粉留第 1 批瓜，所以上市时间比普通大棚迟 1 周左右。春季第 2 批瓜时，随着气温的回升，气候条件越来越适宜西瓜的生长，此时为提高产量，1 株可同时留 2 个瓜，但要注意，留 2 个瓜时要加强肥水供应，确保植株营养供应，果实才能生长良好。

（6）追施膨瓜肥。在幼果鸡蛋大小开始褪毛时追施膨瓜肥，采用滴管方法施肥浇水。每亩用挪威复合肥 15 kg、磷酸二氢钾 500 g，所有肥料均制成母液，用施肥机械通过已铺好的滴管施入。

2. 越夏期间田间管理

6 月中旬第 2 批瓜采收结束，大棚西瓜进入越夏期，平安越夏是采用大棚滴管西瓜长季节栽培成功的关键。由于夏季气温较高，大棚只能靠两头通风，散热较慢，因此在天气晴好时，即使将两端通风口开到最大，棚内温度仍常常在 45~50℃，很容易造成叶片失水萎蔫，同时因根系在高温环境下吸收养分能力大大减弱，易造成植株营养供应缓慢，引起植株早衰甚至枯死。

（1）生长健壮是基础。生长势弱的植株抗逆性差，难以抵御越夏期间高温的伤害，而植株在经过春季结了 2 批瓜后，藤蔓生长势明显减弱，为了抵御夏季高温的不利因素，越夏前要恢复植株的健壮生长。因此在 6 月中旬第

2 批瓜采收结束后，要立即重施 1 次肥，根据植株长势，每亩施用赛德海藻肥 5 kg、挪威复合肥 15~20 kg，使植株很快恢复生长，藤蔓粗壮，叶片大而厚，叶面积指数增大，提高对畦面的遮阴程度，降低强光对地膜的照射程度，使地温增加不致于过快、过高，减轻了对根系生长的不利影响；另一方面，由于植株生长健壮，抗逆性好，有利于抵御夏季高温的伤害，为越夏期间适当留瓜奠定基础。

（2）降温措施。在夏季高温期间，瓜农应及时采取降温措施。首先可将大棚通风口开到最大，在大棚膜两边适当开一些口子，以增加通风散热量；其次可在大棚膜上加盖遮阳网、旧棚膜，或在棚膜上涂抹泥浆，降低棚膜透光率，以达到降温目的。

（3）不整枝、少授粉。夏季气温高，加之大棚覆盖薄膜，棚内气温极高，如果再整枝，会对植株造成伤害，降低植株的抗逆性和叶面积指数，极易产生死藤。因此进入越夏期后便不再整枝，要尽可能让植株长藤长叶，增加植株的叶面积指数，提高植株抗逆性。

夏季高温期间长出的瓜藤较细、叶片较小，制造和输送养分能力弱，如果授粉留瓜较多，植株有限的养分势必优先供应果实生长，造成茎蔓和叶片养分不足、抵抗力差，致使植株早衰或死亡，为确保安全越夏，要减少留瓜量。

（4）勤施肥补水。受大棚通风的限制，夏季棚内温度很高，叶片蒸腾量大，呼吸作用强，十分不利于西瓜的生长，为保证植株安全度夏，必须加强肥水的供应。根据植株生长情况，缩短施肥间隔时间，做到少量多次，一般 1 周施肥 1 次。根据西瓜的需肥特性，做到多种营养素和微量元素合理使用，每次亩施挪威复合肥 7.5~10 kg，夏季高温季节西瓜对钾、镁的需求量增加，每次加入 44% 硫酸钾镁 3~4 kg，微量元素肥可将磷酸二氢钾及爱多收等按规定质量浓度交替使用。越夏期间施肥时，用水量要比春、秋季大，肥液浓度要稀，这样在施肥的同时，也给植株补充了较多水分。注意滴管施肥要在傍晚至夜间地凉、水凉时进行，避免水温与地温差异过大而影响根系活力。

（5）留瓜采瓜方法。越夏期间气候条件非常不利于植株生长，为使植株安全越夏，要根据植株长势强弱决定留瓜数量，长势旺的可稍多留瓜，长势弱的少留或不留瓜，以首先确保藤蔓生长。但越夏期间又是市场西瓜需求量最大、价格较高的时期，保持一定的采收量可显著增加经济效益，因此要尽可能保持植株在越夏期间生长健壮，才能适当留瓜；一旦植株生长转弱、叶片变小、发黄，要停止授粉和留瓜，同时增加肥水供应，一般 10 d 后植株即可恢复强势生长。越夏以后，授粉留瓜时间比较分散，没有明显的批次之分，几乎每天要少量授粉，有成熟瓜就尽快采收上市，防止成熟过度（采收不及时，高温易导致成熟过度，影响品质）。要注意的是，成熟瓜一定要在施肥前采收，若施肥后采收容易形成水晶瓜，从而失去食用价值。

3. 秋延后管理

8 月中旬往后，随着高温的逐渐消退，气候条件也越来越有利于西瓜生长，是提高产量的又一个关键时期。

（1）增加授粉留瓜数量。逐渐增加授粉留瓜数量，注意选择子房较大雌花授粉，这样做授粉成功率较高，长成后瓜个较大而整齐，商品性好；而子房较小的雌花授粉后成功率较低，即使授粉成功，长成后瓜个较小且畸形瓜多，商品性差，所以没有授粉留瓜的价值。

（2）加强肥水供应。随着留瓜数量的逐渐增加，植株需肥量越来越大，因此要增加肥料用量，才能满足植株的生长需要。施肥仍以挪威复合肥为主，一般每次每亩施 10~15 kg，辅以磷酸二氢钾、爱多收及其他氨基酸肥，交替使用，5~7 d 1 次，最后 1 批瓜收获前 20 d 不再施肥。之所以选择挪威产硫酸钾复合肥作为大棚滴管西瓜长季节栽培的主要用肥，是因为一方面该肥料水溶性好，溶解后没有残渣，很适合微喷滴管施肥，另一方面该肥料缓释性好，能匀速供给作物营养。

（3）采收注意事项。秋季气温降低，西瓜从坐果到成熟时间拉长，采收时要注意细致判断是否成熟，避免采摘生瓜；但熟瓜要及时采收，避免其吊在藤上影响后续的授粉留瓜。

（五）做好病虫害防治工作

大棚滴管西瓜生长期长，贯穿春、夏、秋 3 季，病虫害种类较多，要注意综合防治。主要病害有：猝倒病、蔓枯病、炭疽病、枯萎病、白粉病、病毒病等。主要害虫有：蚜虫、瓜螨、斜纹夜蛾、潜叶蝇和烟粉虱等。

1. 防治策略

采用农业防治为主，化学防治与生物防治相结合的原则，生产过程要求符合无公害蔬菜标准。

2. 农业防治

实行 3 年以上水旱轮作或 5 年以上旱地轮作，采用清洁田园、减少病原物，培育壮苗，增施有机肥，加强管理等措施，创造有利于西瓜生长的环境条件。

3. 化学防治

病害以预防为主，进行综合防治。针对不同时期易发病害有针对性地选择药剂，定期防治。应选用高效、低毒、低残留农药，同时合理混用、轮换交替使用不同作用机制的药剂，降低病虫害抗药性发生程度，施药时可结合喷施叶面微肥。采收前 7 d 停止用药。具体可参考“西瓜、甜瓜病虫害防治技术”进行。

二、嫁接西瓜长季节栽培

（一）选择良种

接穗选用早佳（84-24）、雪峰黑媚娘、雪峰早蜜、红大等西瓜品种，砧木选用亲抗水瓜、葫芦砧 1 号、新土佐白籽南瓜等。

（二）嫁接育苗

可参考“第三章无籽西瓜嫁接育苗栽培技术”。

（三）育好壮苗

壮苗标准：苗龄 40 d 左右，真叶 2~3 片，叶色浓绿，子叶完整，接口愈合良好，节间短，幼茎粗壮，生长清秀。

图 4-6　嫁接壮苗

（四）适施基肥

嫁接西瓜根系发达，吸肥水能力强，施肥量可比自根西瓜略少，基肥是自根西瓜的 80%，但要多施磷钾肥，一般每公顷用腐熟有机肥 15000kg、三元复合肥 450kg、过磷酸钙 375kg、硫酸钾 225kg。

（五）适期定植

1 月中旬至 2 月下旬，瓜苗二叶一心或三叶一心定植。要求棚内土温 10℃以上，日温 20℃以上。爬地栽培，三膜覆盖。行株距（2.5~3）m×（0.8~1）m，每公顷栽植 3300~3750 株。定植后施 1 次肥，每穴浇 300 倍液三元复合肥、500 倍液磷酸二氢钾、500 倍敌克松混合液 500 mL。

（六）加强管理

1. 缓苗期

前 3 d 以保温为主，严密覆盖大棚，保持小拱棚温度 30~35℃。缓苗后，温度可适当降低，25~30℃。检查瓜苗成活情况，出现死苗，立即补栽。发现萎蔫苗，晴天下午每株浇 300 倍磷酸二氢钾和 250 倍尿素混合液 500 mL。发生僵苗，用 300 倍磷酸二氢钾液浇瓜苗或叶面喷施 0.3% 磷酸二氢钾。此期，多阴雨，少浇水。

2. 伸蔓期

出蔓后及时理蔓，让藤蔓往两边斜爬。理蔓每天下午进行，避免伤及藤上茸毛或花器。主蔓 60 cm 左右开始整枝，去弱留壮，最好每株保留 2 条粗壮侧蔓。整枝不能一步到位，要分次进行，隔 3~4 d 1 次，每次整 1~2 个侧蔓，坐瓜后不再整枝。日间棚温 20℃以上，可揭去小拱棚膜。棚温超过 30℃，选择背风处通风降温，下午棚温 30℃左右关闭通风口。如一时疏忽，棚温超过 35℃，应逐步降温，防止降温过快造成伤苗。阴天和夜间仍以覆盖保温为主，保持棚内夜温 13℃以上。棚内夜温稳定在 15℃以上可揭去小拱棚。并看苗施肥，叶色浓绿，不施肥；叶色淡绿，施 1 次氮肥，每公顷用尿素 75 kg 对水浇株。坐瓜前植株生长旺盛、叶色浓绿，不施肥。反之，在雌花开放前 7 d 适当施肥，每公顷施三元复合肥 75 kg。此期，雨天多，少浇水。

3. 结果期

白天温度保持在 25~30℃，夜间不低于 15℃，否则坐果不良。植株长势好、子房发育正常，主、侧蔓第 1 朵雌花坐果。开花时，早上 7~9 时进行人工授粉，阴天适当推迟。人工授粉后做好标记，注明坐果时间。嫁接西瓜比自根西瓜易坐果，且第 1 批瓜过多易出现畸形瓜，要求幼瓜坐稳后，每株保留正常幼瓜 1 个，其余摘除。要早施、淡施膨瓜肥，幼瓜鸡蛋大时施第 1 次膨瓜肥，每公顷施三元复合肥 150 kg、硫酸钾 75 kg，以后看苗再施膨瓜肥，用量同第 1 次。采收前 10 d 停止施肥水。

4. 多次结果

第 1 批瓜采收后，不要急于坐第 2 批瓜，要施 1 次植株恢复肥，每公顷施三元复合肥 150 kg、硫酸钾 75~150 kg，并叶面喷 0.2%~0.3% 磷酸二氢钾液 1~2 次，每公顷用液量 900~1050 kg。幼瓜鸡蛋大时施膨瓜肥，每隔 7 d 施 1 次，每公顷施三元复合肥 150 kg、硫酸钾 75 kg。以后每采 1 次瓜施 1 次肥，然后再坐果。第 2 批瓜每株坐果 1.8~2 个，随着采收批次的增加，嫁接西瓜生长势比自根西瓜显弱，坐果数也应减少。且嫁接西瓜耐热性不及自根西瓜，夏季植株以养藤蔓为主，少坐果，同时要采取降温措施，在大棚中间开边窗、棚膜上覆盖遮阳网或涂抹泥浆，将棚温控制在 35 ℃以下。

（七）早防病虫

嫁接西瓜主要病害是炭疽病、蔓枯病，而且其发生较自根西瓜相对早而重，砧木子叶苗就发生炭疽病，伸蔓期、坐果期所发生的蔓枯病比自根西瓜略重；主要害虫是蓟马、蚜虫、红蜘蛛、美洲斑潜蝇。炭疽病用 80% 大生 500 倍液、10% 世高 1500 倍液或 64% 杀毒矾 500 倍液、75% 百菌清 600 倍液、58% 瑞毒霉 500 倍液等，蔓枯病用 10% 世高 1500 倍液、43% 好力克 5000 倍液、80% 大生 500 倍液、70% 甲基托布津 500 倍液或 10% 世高 1500 倍液 +70% 甲基托布津 500 倍液等防治。蓟马用 50% 托尔克 4000 倍液、蚜虫用 1% 杀虫素 1000~1500 倍液、红蜘蛛用 1% 虫螨杀星 1500 倍液、美洲斑潜蝇用 48% 乐斯本 1000 倍液防治。

（八）适时采收

嫁接西瓜必须采摘自然成熟瓜，绝不能高温闷棚催熟，以免影响果实品质。第 1 批瓜一般在坐果后 40~50 d 采收，以后随气温的升高，坐果后 27~30 d 即可采收。

第四节　小果型西瓜多季栽培技术

一、小果型西瓜的生育特性

（一）苗弱、前期长势较差

小果型西瓜种子较小，千粒重在 30.8~37.5 g。种子贮藏养分较少，出土力弱，子叶小，幼苗生长较弱。尤其在早播幼苗处于低温、寡照的环境下，长势明显较普通西瓜弱。这就影响雌、雄花的分化进程，表现为雌花子房很小，初期雄花发育不完全、畸形，花粉量少，甚至没有花粉，影响正常授粉、受精及果实的发育。

由于苗弱，定植后若处于不利的气候条件下，幼苗期与伸蔓期植株生长仍表现细弱，但一旦气候好转，植株生长则恢复正常。小果型西瓜分枝性强，易坐果，多蔓多果，如不能及时坐果则容易表现徒长。

（二）果小、果实发育很快

小果型西瓜果形小，一般单瓜重 1.5~2.5 kg。果实的发育较快，在适宜的温度条件下，从雌花开花到果实成熟只需 20 多天，较普通西瓜早熟品种提早 7~10 d。但在早播早熟栽培条件下，所需天数则远较表 4-2 中数字为大，头茬瓜（5 月中旬采收）需 40 d 左右；气温稍高时，二茬瓜（6 月中旬采收）需 30 d 左右；其后的气温更高，只需 22~25 d。小果型西瓜果皮较薄，在肥水较多、植株生长势过旺，或水分不均等条件下，容易引起裂果。

表 4-2　小果型西瓜与普通西瓜雄花开放至采收天数和积温比较

类型	果形	温暖期（d）	凉期（d）	所需积温（℃）
大果型	圆形	30~33	40~45	1000
	长型	35~38	45~50	1000
	圆形	20~22	28~30	600
小果型	长型	25~27	30~35	700

（三）对肥料反应敏感

小果型西瓜营养生长与施肥量有密切关系，对氮肥的反应比较敏感。氮肥过多，容易引起植株营养生长失调而影响坐果。因此，基肥的施用量较普通西瓜应减少 30% 左右，而嫁接苗的施用量可减少约 50%。由于小果型西瓜果形小，养分输入的容量少，可以采用多蔓多果栽培，对果实的大小影响不大。

（四）结果周期不明显

小果型西瓜因自身的生长特性和不良栽培条件的影响，前期生长较差，如任其结果则受同化面积的限制，果形很小，而且严重影响植株的生长。随着生育期的推进和气候条件的好转，其生长势得到恢复，如不能及时坐果，较易引起徒长，故前期一方面要防止营养生长弱，另一方面要使其适时坐果，防止徒长。植株正常坐果后，因其果小，果实发育周期短，对植株自身营养生长影响较小，故持续结果能力较强。同样，果实的生长对植株的营养生长影响不大。小果型西瓜的这种自我调节能力对于多蔓多果、多茬次栽培和克服裂果都是十分有利的，故小果型西瓜结果周期性不像普通西瓜那样明显。

由于小果型西瓜的这些生育特性，利用塑料大棚等保护地设施覆盖保温、防雨，人为创造条件，满足其正常生长发育的需要，进行冬春早熟栽培、春季栽培、夏季栽培和秋季延后栽培。小果型西瓜可从 1 月中下旬播种，进行多季节栽培，到 12 月小果型西瓜收获完毕，全年均可栽培种植。

二、各季节配套栽培条件和特点

（一）配套栽培条件

1. 塑料大棚栽培

小果型西瓜各季节栽培均可在塑料大棚中进行。爬地式栽培大棚的跨度为 4.5~6 m，高度 1.7~1.8 m，长 30 m，南北向排列。而用作立架栽培的大棚跨度应增至 6~8 m，高度在 2 m 以上，侧肩高度在 1.2 m 以上，大棚骨架可用竹木或钢架。冬春早熟栽培，生长前期气温较低，采用三拱 4 层覆盖保温，或在大棚栽培畦上，设置 2 层小拱棚，夜间在大棚内的小棚上盖草帘，以防霜冻。

2. 小拱棚加地膜覆盖栽培

主要用于小果型西瓜早春特早熟栽培。由小拱棚和地膜两部分组成。小拱棚跨度 1.5 m，小拱棚膜全期覆盖，前期保温，后期防雨，以减轻病害发生。双膜覆盖投入成本较高，但西瓜在 5 月底 6 月初上市，经济效益高，目前生产中普遍采用。

3. 露地地膜覆盖栽培

小果型西瓜的春季、夏季和早秋均可采用露地地膜覆盖栽培，且经济效益较高，但如果在果实成熟期遇连续阴雨或久旱遇雨，会引起部分裂果，有一定的风险，目前以早秋露地地膜覆盖栽培效果较好，风险小。

（二）配套栽培特点

早春栽培特点是培育壮苗，采用 3~4 叶大苗移栽，定植后，前期注意利用大棚等保护地设施、草帘覆盖保温、防雨，采取人工授粉或利用激素处理促进坐果，及时防治病虫害。夏秋栽培特点是高温期覆盖大棚膜防雨、覆盖遮阳网防烈日暴晒，有效防治高脚苗、蚜虫，严格控制病毒病的发生，及时促进坐果，后期及时盖膜，闭膜促进果实成熟等。

三、小果型西瓜多季高产栽培技术要点

（一）品种选择

小果型西瓜的多季栽培应选择果型适中（1.5~2.5 kg），品质优良、耐贮运的品种。通过多年的试验，湖南省瓜类研究所选育的小玉红无籽、金福、小玉 5 号、小玉 8 号、小玉 9 号、玉兰、雪峰橙玉，北京市农林科学院蔬菜研究中心选育的京秀，湖南博达隆科技发展有限公司选育的东方美玉，中国

雪峰橙玉

雪峰小玉八号

黄小玉

小玉红无籽

金福

红小玉

图 4–7　部分小果型西瓜品种

农业科学院郑州果树研究所选育的金玉玲珑和由湖南省瓜类研究所从日本引进的红小玉、黄小玉等小果型西瓜品种由于皮薄、品质优良等，很适合我国南方的长江中下游地区小果型西瓜多季栽培用种。

（二）适期播种，培育壮苗

（1）塑料大棚栽培的播种期，冬春栽培应在 1 月中下旬播种，苗龄 30~40 d，夏秋栽培应在 6 月底前播种，苗龄 10~15 d。秋冬栽培应在 9 月中旬播种，苗龄 15~20 d。可在同一块地里一年连种三季小果型西瓜。

（2）露地地膜覆盖栽培播种期，早春应在 3 月底至 4 月初播种，苗龄 30 d 左右，秋冬栽培应在 7 月中下旬播种，苗龄 15~20 d，可在同一块地里一年连种两季。

为了保证全苗和健壮苗，不管是塑料大棚栽培还是露地栽培，都必须实行催芽播种、育苗移栽。营养土要求疏松、肥沃，除春季播种时间基本固定外，夏秋播种还要根据上届作物的生育期来定，一般在收获前 15 d 即可播下一季的瓜种。冬春播种因气温低、湿度大，要注意保温增温，控制湿度，用电热线育苗，夏秋播种因气温高、虫害多，在管理上特别注意遮阴降温保湿，防治病毒病、预防高脚苗，这样才能使瓜苗健壮。

（三）定植地的准备

定植小果型西瓜用的大棚或露地宜选择地势较高、排灌方便，土层深厚、肥力中等的地块，早春栽培土壤必须冬前深翻 20 cm 以上，以加速土壤分化，在定植前 10~15 d，再进行第二次翻耕，采用支架栽培的按 1 m 的行距做畦，瓜行的方向与大棚纵向垂直，全层施肥。露地立架栽培的，行距 1.5 m 做畦，在距畦两边 30 cm 处开沟施基肥，基肥多的也可全层施肥，一般每亩施基肥 1500~2000 kg，饼肥 50 kg，三元复合肥 25~30 kg，全层施肥是把基肥先放入土面，再翻入土内即可。抽沟施肥的沟深 15cm，先把基肥施入沟内，再在沟内与土拌和均匀，然后做畦，畦高 15cm。幼苗定植前 10 d，厢面全部覆盖地膜，搭好大棚并盖好大棚膜，以提高地温，等待幼苗定植。夏秋栽培在上届西瓜收获后必须清理干净残枝落叶，然后抽施肥沟，每亩施入 50 kg 三元复合肥，与土壤拌匀后即可定植瓜苗。

（四）合理密植

小果型西瓜由于生长势不是特强，果小，栽培时可以密植，早春大棚栽培，每亩可以定植 1000~1100 株，早春露地栽培每亩可以定植 800~900 株，夏秋栽培因雨水少，密度还可以加大，大棚栽培每亩可以定植 1200~1300 株，露地每亩可以定植 1100~1200 株。如基肥施用多，且质量高，根据具体情况，栽培密度可适当减少或增加。总之，小果型西瓜的施用量比大西瓜要少 1/3 多，因此，不能盲目施肥，以免产生徒长。

在定植时，瓜苗不要栽得过深，定植后每株淋 0.2%~0.3% 的复合肥水 0.5 L，盖地膜保温，有条件的，在早春栽培时，可在定植苗行上加盖小拱棚覆盖。当瓜蔓长至 50 cm 时，再用支架进行固定上架结果，采取二蔓整枝。

（五）人工授粉和留瓜部位

小果型西瓜周年大棚栽培，昆虫无法进入大棚，必须进行人工辅助授粉才能结果，露地栽培进行人工辅助授粉，可以提高坐果率，因此，不论大棚或露地栽培小果型西瓜，都得进行人工辅助授粉，在授粉时，要保证时间和质量，早春西瓜宜在上午 9 时前完成授粉，夏秋西瓜宜在上午 7 时前完成授粉。坐果节位主蔓以第 2~3 雌花为宜，一株可结 2~3 个果。

（六）科学施肥与浇水

小果型西瓜栽培基肥一般以农家肥为主，化肥为辅。但夏秋栽培由于时间紧，季节短，一般以化肥为主（三元复合肥），基肥为辅。在生长期间，要看苗看藤势酌情追肥，对藤势好的，可以不追肥或少追肥，对长势弱的可适当追施 2~3 次提苗肥。在浇水方面早春西瓜因雨水多，湿度大，不存在干旱问题，无需浇水。夏秋西瓜则全靠水，以水调肥，以水壮果，一般浇水 3~4 次为宜。特别在果实膨大期，一定要补充水分，促使果实迅速膨大，以免影响产量。

（七）病虫害防治

小果型西瓜周年栽培大都是连茬栽培，病虫害比较多，在栽培上要特别注意。首先在早春栽培时，不能用重茬地来种西瓜，以减少病源；其次是进行种子消毒和苗床消毒，培育壮苗，提高抗性；再次是发现病虫害后要及时用药防治，危害小果型西瓜的主要病害有枯萎病、炭疽病、疫病、病毒病等。枯萎病可以用嫁接换根的方法进行预防，其他病害可根据病害类型选择可杀得、代森锰锌、病毒立克和托布津等药剂进行防治。虫害有蚜虫、黄守瓜、地老虎、菜青虫等。对地老虎可采取人工捕捉或诱杀的办法，也可在西瓜移栽淋安蔸水时每 100 kg 水加 2 支速灭杀丁预防，对其他虫害可用蚜虱净、菜虫清等药剂进行防治。

（八）适时采收

由于小果型西瓜大都属早熟品种，皮薄，一般在 8 成熟时开始采收。采收过晚，不宜运输，在采收时，要分期分批，先熟先采，尽量用纸箱或木箱加泡沫网袋进行包装，以便长途运输。全部采收后，及时清理杂草及枝叶，准备下一季西瓜及时移栽。

四、小果型西瓜多季栽培的配套技术措施

为了实现小果型西瓜的多季栽培，提高其经济效益及瓜农的积极性，工厂化育苗、嫁接栽培、立架栽培、有机生态型无土栽培等配套措施也是非常重要的，特别是嫁接和立架是解决连作和提高产量的重要措施，这样才能实现多季高产高效栽培的目的。

（一）工厂化育苗

工厂化育苗在固定的厂房内进行，温度、湿度人为控制，任何时期不受气候等条件的约束，在室内就能培育出质优价廉的瓜苗，然后统一向瓜农供应种苗。这样既能保证面积的落实，又能解决瓜农育苗难的问题。2003 年春秋，湖南省瓜类研究所利用 5000 m^2 的连栋温室育苗大棚，已向瓜农提供了 50 万株西瓜嫁接苗，且反映很好。从 2004 年起，该所每年可向瓜农提供 300 万株西瓜嫁接苗，可解决 3000 余亩小果型西瓜周年栽培用苗，让绝大多数瓜农抽出时间和精力进行其他农事操作。

（二）嫁接栽培

西瓜嫁接栽培可减轻瓜类枯萎病的危害，防止死蔸，实行连作。因此，嫁接栽培是湖南小果型西瓜周年栽培的重要配套措施。

嫁接对砧木的选择很重要，瓠瓜、南瓜均作为小果型西瓜砧木使用的品种，优良的砧木品种应具备以下特点：①抗性强，主要是抗枯萎病能力要强，此外，还需耐低温、根系发达；②亲和性好，嫁接成活率高；③嫁接后对西瓜品质影响不大，湖南雪峰种业有限责任公司的亲抗瓠瓜品种用于小果型西瓜的嫁接，各方面均表现良好。

嫁接方法宜采用插接法。砧木应提前 5 d 播种，砧木与接穗在播种前应进行浸种催芽，催芽温度 28~30℃。接穗苗以真叶半展开为最佳时期，嫁接宜选择晴天进行，嫁接后 3~4 d，苗床必须密闭保温。白天维持地温 25℃左右，夜间 15~20℃，相对湿度在 90% 以上，避免晴天出现 30℃的高温，必要时用草帘遮阴，4 d 后逐渐加大苗床通风见光时间。7~10 d 后可转入正常的苗床管理，20~25 d 可移栽大田。

（三）立架栽培

立架栽培也是湖南小果型西瓜周年栽培的重要措施，它不但可以提高种植密度，增加产量，而且通风透光好，果实着色均匀，成熟一致，市场售价高。通过试验，人字架、篱笆架、交叉架是小果型西瓜周年栽培三种较好的立架方式。立架材料主要是小木棒、小竹竿或小竹片，长 2 m，每亩需 1600 根左右，纤维绳 3 kg 左右。

1. 人字架

人字架适于窄厢（1~1.5 m），是将两行立架材料的顶部扎在一起而成为人字架，瓜蔓爬在人字架上生长结果，果实大部分吊挂在人字架的中部。这种立架方式，通风透光差一些，但人工操作方便，架牢固。

图 4-8　人字架栽培

2. 篱笆架

图 4-9　篱笆架栽培

平行排列、高低一致。在平行的立杆上、中、下部各绑一条横杆，也可用纤维绳代替横杆。瓜蔓沿杆直立生长结果。这种立架方式通风透光好，但后期管理不太方便。

3. 交叉架

交叉架与人字架基本相似。但交叉架的交叉部位在两杆的中部，而人字架在顶部。这种立架方式，通风透光好，果实着色更均匀。

不管哪种立架方式，均采用二蔓整枝，一主一侧，其他侧、孙蔓全部摘除，当果实有口杯大小时，用塑料网袋套上西瓜或用纤维绳把瓜柄绑在立架杆上，以防西瓜脱落。

（四）有机生态型无土栽培

图 4-10　有机生态型无土栽培

有机生态型无土栽培是指用锯木屑、炉渣、蘑菇下脚料，配以有机肥混合而成，代替土壤进行小果型西瓜周年栽培的方式。有机生态型无土栽培病害少，土壤疏松，根系发达，产量有保证。有机生态型无土栽培目前主要在塑料大棚内进行，操作方法是挖 80 cm 宽，20 cm 深的基质槽，用红砖或水泥薄板把基质槽四边砌好，槽底铺一层薄膜，上垫基质即可。基质的配方是：35% 的锯木屑、15% 的炉渣、20% 的蘑菇下脚料、30% 的腐熟猪牛粪。通过两年的试验观察，采用有机生态型无土栽培技术栽培的小果型西瓜病害少、成熟早、产量高。有机生态型无土栽培是今后大棚小果型西瓜栽培技术发展的主导方向。

5

第五章 厚皮甜瓜栽培技术

第一节　厚皮甜瓜主要品种

一、厚皮网纹甜瓜品种

（一）西州蜜 25 号

新疆维吾尔自治区葡萄瓜果开发研究中心选育，果实椭圆形，浅麻绿、绿道，网纹细密全，果肉橘红，肉质细、松脆，风味好。单果重约 2.0 kg，亩产 2500~2900 kg。

（二）西州蜜 17 号

新疆维吾尔自治区葡萄瓜果开发研究中心选育，果实椭圆形，黑麻绿底，网纹中密全，果肉橘红，肉质细、脆，风味好，平均单果重约 2.5 kg，亩产 2600~3000 kg。

（三）黄皮 9818

新疆农科院甜瓜研究中心选育，果实椭圆形，黄皮，具粗稀网纹，果肉橘红色，有清香，肉质脆沙，单果重约 1.5 kg，亩产 1800~2000 kg。

（四）金凤凰

新疆农科院甜瓜研究中心选育，果实长卵圆形，皮色鹅黄透红，网纹细密，果肉浅橘色，肉质松脆，单果重约 2.8 kg，亩产 2800~3100 kg。

（五）翠蜜5号

湖南雪峰种业有限责任公司选育，果实椭圆形，果皮麻绿，细密网，上网易，果肉橙红，腔小，肉质脆，口感好，单果重约3.1 kg, 亩产2800~3200 kg。

（六）洛克星

日本引进，果实高球形，果皮墨绿色，粗密网，果肉白绿，品质优，较耐贮运。单瓜重约1.5 kg，亩产1700~2000 kg。

二、厚皮光皮甜瓜品种

（一）雪橙

湖南雪峰种业有限责任公司选育，果实近圆形，果皮白，果肉橙红，腔小，肉质脆，口感好，单果重2.5 kg, 亩产2500~3000 kg。

（二）雪峰蜜2号

湖南雪峰种业有限责任公司选育，果实圆形，果皮白，果肉白色，腔小，肉质硬脆，品质优，耐运输，单果重2.0 kg, 亩产2200~2800 kg。

（三）一品红

中国农科院郑州果树所选育，果实圆形，果皮金黄，果肉红色，肉质松脆，口感好，单果重约2.2 kg, 亩产3000~4000 kg。

（四）伊丽莎白

日本引进，果实为扁圆或圆形，果皮鲜黄色，较光滑，果肉白色，品质较好，较耐贮运。单瓜重约0.5 kg，亩产1500~2000 kg。

第二节　厚皮甜瓜大棚栽培技术

一、多膜覆盖栽培

（一）茬口安排

入冬前选择多年未种植甜瓜的田块，建宽5~6 m、长25~50 m的大棚，开好排灌沟。定植前 10～15 d 上好大棚膜升温。甜瓜主要选用西薄洛托品种。

（二）培育壮苗

选择地势较高、排水良好、光照条件好的田块建育苗大棚。甜瓜播种时间为 12 月中旬。西瓜播种时间为翌年 1 月中下旬。播前浸种催芽，每钵播种 1 粒，均匀撒盖籽土 1.5 cm 厚，覆盖地膜加小拱棚保湿保温。苗期注意温度、湿度的调控。

（三）作畦移栽

甜瓜移栽时间为 1 月中下旬，西瓜移栽时间 2 月下旬，一般在幼苗苗龄 35 d，有 3~4 片真叶时移栽。移栽前 8～10 d 在大棚中间开 30～40 cm 宽的沟，两侧作 60 cm 宽高畦，每标准大棚（180 m^2）施有机肥 500 kg、进口复合肥 10 kg、硫酸铵 15 kg、生物钾肥 0.5 kg 作基肥。整平畦面后盖好地膜。按株距 40 cm，在畦面上打孔栽西瓜苗，浇足活棵水，盖严地膜，架小拱棚、中棚、封棚保温。

（四）田间管理

棚温调控移栽后第 1 周无需放风透气，夜间加盖草帘保持夜温在 12℃以上。活棵后保证棚温不低于 25℃。开花期保持棚温 18℃。光照管理多层覆盖对光照有较大影响。在生长期内，防寒的不透明覆盖物一定要早揭晚盖，在气候条件允许的情况下，要减少覆盖层数。肥水管理：由于多层覆盖条件下追肥困难，一般采用重施基肥，结果期每亩追施碳铵 30 kg。

（五）植株管理

甜瓜整蔓方法，瓜苗 4 叶 1 心时摘心，待子蔓长到 10~15 cm 长时，选留两条健壮子蔓，其余子蔓全部摘除。当子蔓长到 20 个节位时打顶，在子蔓 5~6 个节位以上留孙蔓结瓜。

西瓜整蔓方法：当主蔓长到 20~30 cm 长时，选留两条健壮侧蔓，其余全部摘除。主蔓在 35~40 叶打顶，侧蔓在 25 叶时打顶。

保花保果：甜瓜最佳结果节位是第 10～13 节。在需要留瓜的部位上用坐果灵均匀喷涂将开的雌花。西瓜对第二雌花进行人工授粉，加喷坐果灵。

（六）病虫害防治

要按照无公害瓜果生产标准防治苗期猝倒病、白粉病、病毒病、霜霉病及蚜虫等。

图 5-1　厚皮甜瓜多膜覆盖栽培

二、长季节栽培

（一）栽培场地与设施选择

1. 栽培场地选择

因为甜瓜设施长季节栽培的投资较大，所以栽培场地的选择非常重要。长江中下游地区宜选择地势高爽、排灌方便、运输便利、阳光充足、富含有机质的非连作地，一般要选择未种过瓜类作物的砂土或砂壤土，以水稻地最好。

2. 栽培设施选择

一般选用塑料大棚或简易连栋大棚，塑料大棚可为简易竹木结构、水泥结构或钢架结构，棚宽一般 6~8 m、高 1.8~2.0 m、长 30 m，棚上覆盖无滴膜。甜瓜吊蔓栽培时最好选用钢架结构大棚或保温性能好的连栋温室，甜瓜爬地栽培时则可选用简易竹木结构大棚。另外，因甜瓜忌连作，选择栽培设施时要充分考虑设施的可拆装性能。

（二）品种选择及栽培管理技术

1. 甜瓜品种选择

选择在低温弱光条件下生长好、植株再生能力强、耐热、抗性强、坐果性好、果实成熟快、品质优的中小果型早熟厚皮甜瓜品种，如伊丽莎白、白雪公主、白雪 EL、玉金香、月光、黄皮 9818、中甜 1 号、金美丽、昭君 1 号、金蜜 6 号、甬甜 4 号、西薄洛托、银蜜、翠香、蜜世界等。

2. 砧木品种选择

选择与甜瓜嫁接亲和力强，根系发达，抗病、耐寒、耐热，不影响甜瓜品质和风味，下胚轴容易产生不定根且不易早衰的品种，如南瓜品种京欣砧 3 号、甬砧 2 号、野郎、新土佐、壮士、全能铁甲、南砧 1 号、南砧 3 号，以及专用的砧木甜瓜品种世纪星甜瓜、科鸿砧 1 号、德高铁柱等。

3. 双断根嫁接水浮育苗

一般于 1 月中下旬开始在有加温设施的大棚或温室中育苗，当砧木苗第 1 片真叶出现到刚展开，接穗苗子叶开始转绿到子叶平展时嫁接。嫁接时先在砧木子叶节以下 5~7 cm 的胚轴根颈处将砧木原根系切掉，接着采用插接法进行嫁接。嫁接后将断根嫁接苗马上扦插到备好的漂浮育苗盘的孔穴中，扦插深度 2~3 cm，每穴扦插 1 株。然后将扦插好嫁接苗的漂浮育苗盘迅速漂浮在盛有清水 3~4 cm 深的苗床中进行愈合与生根期的管理。嫁接苗成活后在苗床中注入 8~10 cm 深的常规漂浮育苗营养液，让嫁接苗漂浮在营养液中进行嫁接苗成活后的管理。嫁接后 15~22 d，当嫁接苗 2 叶 1 心至 3 叶 1 心时出圃定植。

4. 第 1、第 2 批甜瓜坐果的栽培管理

第 1 批甜瓜的生产与甜瓜设施早熟或特早熟栽培基本相同。设施内进行冬季深翻冻土晒垡，定植前 10~15d 再深翻一次，并结合整地作畦一次性施足基肥，肥力一般的土壤每亩基肥用量为：腐熟的农家有机肥 2000~3000 kg、菜籽饼肥 100~200 kg、过磷酸钙 50 kg、复合肥 30~50 kg。撒施与沟施相结合，把大部分基肥沟施于畦面定植带附近。吊蔓栽培的，

在大棚中间开深沟，沟两侧各作 2 条小高畦，每个标准大棚（30 m × 6 m）作 4 条小高畦，一般畦宽 0.8～1.2 m、高 20～30 cm。爬地栽培则作宽（包沟）2.0～2.5 m、高 20～30 cm 的高畦，每个 6～7 m 宽的大棚作 3 条小高畦。为便于肥水管理，最好在瓜苗定植行一侧 15～20 cm 处铺 1 根滴灌管，再覆盖地膜。定植前 7～10 d 及时扣膜升温，当设施内 10 cm 深的地温稳定在 15℃以上，最低气温不低于 13℃时尽早定植，长江中下游地区一般可在 2 月中旬到 3 月中旬定植。果实较小的厚皮甜瓜品种一般采用吊蔓栽培，薄皮甜瓜品种或果实较大的厚皮甜瓜品种则一般采用爬地栽培。吊蔓栽培时在每畦两侧各定植 1 行，株距 40～55 cm，每亩定植密度为 1200～1600 株；爬地栽培时则在每畦的一侧定植 1 行，株距 40～55 cm，每亩定植密度 500～800 株。

当幼苗有 3～5 片真叶时摘心，每株选留子蔓 2 条，摘除子蔓坐果节位以下的侧蔓。选健壮的子蔓作为第 1 结果蔓，在第 7～10 节的侧蔓开花时，进行人工辅助授粉促进坐果，并在侧蔓的授粉雌花后留 1～2 片真叶摘心，第 1 结果蔓长至 18～22 片叶时打顶，并剪掉坐果蔓上发生的其他侧蔓。当幼瓜长至鸡蛋大小时选留 1 个生长快、果形正、果面茸毛密、发育正常的最大幼瓜，然后按常规管理及时追施膨瓜肥促进果实膨大与保证植株营养的均衡供应。

在第 1 批瓜充分膨大后，将另一子蔓作为第 2 结果蔓，当第 2 结果蔓的第 15～20 节的侧蔓开花时，人工辅助授粉促进第 2 批瓜的坐果，并在侧蔓的授粉雌花后留 1～2 片真叶摘心，第 2 结果蔓长至 24～26 片叶时打顶，不结瓜的侧蔓全部摘除。

5 月中下旬第 1 批瓜成熟后及时采收，剪除已结果的老蔓，同时在第 2 结果蔓上选留 1 个发育正常的最大幼瓜，然后除按常规管理及时追施膨瓜肥促进果实膨大外，还要多追施 1 次肥水，一般每亩施三元复合肥 5～6 kg、硫酸钾 1～2 kg，再加绿韵促根增甜冲施液 0.5～1.0 kg，对清水淋蔸或采用滴灌施肥，以补充植株营养、促进植株基部不定蔓的抽生与生长健壮，并选留基部抽生的 1 条最健壮的不定蔓作为第 3 批瓜的结果蔓。

5. 第 3 批甜瓜坐果的栽培管理

在第 3 批结果蔓长 30 cm 以上时喷施 1 次叶面肥，每亩可用核能素 200~300 g、磷酸二氢钾 60 g 或氨基酸叶面肥 60~90 g 加清水 30 kg 进行喷施，并加强肥水管理，以促进第 3 批结果蔓的健壮生长。第 2 批瓜充分膨大后，在第 3 批结果蔓的第 7~15 节的侧蔓开花时，选发育正常的子房大、瓜柄粗、果形正的雌花进行人工辅助授粉促进第 3 批瓜的坐果，并在侧蔓的授粉雌花后留 1~2 片真叶摘心，结果蔓长到 18~22 叶时打顶，不结瓜的侧蔓全部摘除。

6 月下旬第 2 批瓜成熟后及时采收，剪除已结果的老蔓，同时在第 3 结果蔓上选留 1 个发育正常的最大幼瓜作为第 3 批瓜，然后除按常规管理及时追施膨瓜肥促进果实膨大外，还要多追施 1 次肥水，一般每亩施三元复合肥 5 kg、海藻冲施肥 4 kg，再加绿韵促根增甜冲施液 0.5~1.0 kg，对清水淋蔸或采用滴灌施肥，以补充植株营养与促进植株基部不定蔓的再生，并选留基部抽生的 1 条最健壮的不定蔓作为下一批瓜的结果蔓。

6. 第 4~5 批甜瓜坐果的栽培管理

在新留的结果蔓长 30 cm 以上时喷施 1 次叶面肥，每亩用核能素 200~300 g、氨基酸叶面肥 60~90 g 或磷酸二氢钾 60 g 加清水 30 kg 进行喷施，并加强肥水管理，以促进新结果蔓的健壮生长。第 3 批瓜充分膨大后，在预留新结果蔓的第 7~15 节的侧蔓开花时，选发育正常的雌花进行人工辅助授粉，促进第 4 批瓜的坐果，并在侧蔓的授粉雌花后留 1~2 片真叶摘心，结果蔓长到 18~22 片叶时打顶，不结瓜的侧蔓全部摘除。

7 月下旬采收第 3 批瓜，第 3 批瓜采收后参照第 3 批瓜的生产过程进行第 4~5 批甜瓜的生产与采收。8 月下旬和 9 月底分别可采收第 4、第 5 批甜瓜。

图 5-2 厚皮甜瓜长季节栽培

三、早春栽培

（一）前期准备

1. 大棚建造

在地势平坦而土壤肥沃的田块搭建大棚，以钢管为骨架，竹竿为辅助材料，跨度 5.2 m，2 月底以前建好，覆盖棚膜提温保墒。

2. 品种选择

选用适合当地种植的早熟一代杂交厚皮甜瓜新品种雪峰蜜 2 号。该品种全生育期 90~95 d，植株生长势强，适应性广，抗病性和抗逆性较强，单果重 2.5~4 kg，果肉白色，汁多味美，口感极佳。

（二）培育壮苗

1. 苗床准备

在大棚内设置苗床，要求地面平整，宽 1.2~1.5m，长度依据育苗量而定。铺上隔热层，布好电热线，采用基质穴盘育苗。

2. 浸种催芽

将厚皮甜瓜种子在 55℃温水中搅拌 15 min，常温下浸泡 6 h 后捞出，放置在 28~30℃环境中保温催芽，待 80% 以上种子露白后播种。

3. 适时播种

1 月下旬或 2 月上旬播种。播前苗床提前 1d 通电升温，基质装盘，用

50% 多菌灵 800 倍液喷洒消毒。播种时每穴 1 粒，覆盖基质 1 cm 左右，平铺地膜，上扣小拱棚。

4. 苗床管理

出苗前应采取加热措施保持床温白天在 30~35℃，夜间 20~28℃，不通风，以保温保湿为主。待 70% 左右种子出苗后适当降温，白天保持在 28~30℃，夜间 15~18℃，注意晴天通风换气。

（三）整地施肥与定植

1. 施足底肥

入冬前每亩施有机肥 4000 kg，深翻土地，耱平保墒。翌年 2 月下旬每亩施入三元复合肥 40 kg、硫酸钾 10 kg，然后起垄，沿大棚方向起 2 垄，垄高 15 cm，垄面宽 100 cm。定植前 10 d 扣棚，以提温保温。

2. 定植

3 月 10 日左右幼苗 4 叶 1 心时，选晴天定植。每垄 2 行，株距 55 cm，每亩定植 800 株，移栽时地温应在 15℃以上，栽后浇足定根水。

（四）田间管理

1. 温、湿度调控。

定植后不放风不排湿，以促进缓苗。缓苗后应注意通风降温，白天气温保持在 25~30℃，夜间不低于 15℃；开花期加强开关通风口，以白天 27~30℃，夜间 15~18℃为好；果实膨大期白天保持 27~30℃，夜间 15~20℃；成熟期白天保持 28~30℃，夜间不低于 15℃；坐果后要求昼夜温差 15℃，夜间温度不能过高，以防植株徒长而对果实糖分积累不利，影响品质。生长期相对湿度控制在 50%~70% 为宜。

2. 肥水管理

定植时浇足水，以创造良好的底墒，果实膨大期需水较多，浇水应选择连续晴天暗沟进行。哈密瓜类厚皮甜瓜对水分反应很敏感，土壤宜干不宜湿，但不能过干。坐瓜前不施追肥，瓜长到鸡蛋大时追施膨瓜肥，每亩施三元复合肥 25~30 kg 或磷酸二铵 20 kg 加钾肥 20 kg。

3. 人工授粉

由于大棚内没有授粉昆虫，厚皮甜瓜开花期一般采用人工辅助授粉，每株授粉 2~4 朵雌花。以晴天 7：00~10：00 授粉最佳，应集中授粉，以便于管理且坐瓜整齐，并标明授粉日期，便于成熟时采收。

4. 整枝留瓜

采取双蔓整枝法。在幼苗 3~4 片真叶时摘心，促进下面 2 个节位子蔓发生，子蔓上长出孙蔓后，抹去子蔓第 5~6 节以下孙蔓，利用 5~6 节以上中部孙蔓结瓜，孙蔓结瓜后保留瓜前 1 片叶摘心。整枝必须及时，宜在晴天进行，以利伤口愈合。

（五）病虫害防治

厚皮甜瓜病害主要有猝倒病、枯萎病、白粉病、霜霉病等，害虫主要有小地老虎、蝼蛄、蛴螬、蚜虫等。在整个生育期应坚持“预防为主，综合防治”的原则，在开展农业防治的基础上，生产上也应适时进行化学防治。必须做到：一是提倡推广使用高效、低毒、低残留农药，禁止使用剧毒、高毒、高残留农药；二是科学规范使用农药，注意防治方法，正确掌握用药量，应交替用药和选用生物农药；三是严格执行农药安全间隔期。

（六）收获与贮运

厚皮甜瓜宜在 8~9 成熟时采收，应选择无病、无伤口、果形端正的优质瓜，贮运中保持阴凉，并注意通风，可减少果实腐烂。

图 5-4　厚皮甜瓜早春栽培

四、秋延后栽培

（一）品种选择

秋季栽培的甜瓜生育期间，气温、光照随着瓜苗的生长而下降，因此栽培上宜选用高产优质、耐高温高湿、抗病性强、低温和弱光条件下膨大良好、耐贮性好的品种，如雪里红、蜜世界、极品迎春等。其中，极品迎春在西安地区秋延迟栽培中表现最为突出。

（二）茬口安排

根据当地品种特性、气候条件、设施条件等，选择合适的播期。长安地区，秋季甜瓜一般以 7 月为播种适期，10 月上旬至 11 月采收。播种过早，市场价格较低；播种过迟，则果实品质较差，容易遭受寒害。

（三）培育壮苗

1. 育苗基质准备

基质应选用带覆土用蛭石、营养全面的专用育苗基质。基质湿度应以手握成团、掉地能散、指缝有水但不滴下为宜。

2. 种子处理

将种子放入 55~60℃的温水中不断搅拌，使水温降至 30℃，浸种 6~8 h。然后用 0.1% 高锰酸钾溶液浸种 20 min，将种子捞出后再用水冲洗干净，用纱布包好，在 28℃条件下催芽，约 14h 大部分种子露白即可进行播种。应注意夏季种子催芽不宜过长。如果因故不能及时播种，可将种子放于空调下，并将空调温度调至 16℃。

3. 穴盘育苗

苗床应设在装有防虫网的大棚内，育苗前整畦、搭建小拱棚。选择 32 孔或 50 孔穴盘进行育苗，每穴放 1 粒种子，覆盖约 1cm 厚的蛭石基质。播种结束后畦内灌大水、浇透水，然后覆盖地膜、小拱棚、遮阳网。待种子出苗 70% 时及时揭去地膜。若播种时温度过高，也可覆盖遮阳网代替地膜，以防止温度过高烧伤幼苗。

4. 苗期管理

夏季育苗温度管理相对容易，温度过高时段可采取加大通风、遮阳和苗床周围洒清水等方法，以降低温度。苗床要轻浇、勤浇水，以保持基质湿润。浇水要用洒壶早、晚喷淋，不要漫灌或中午前后浇水。根据秧苗生长情况，可酌情追肥 1~2 次，以追施 0.3%~0.5% 尿素溶液为宜。加强通风，防止幼苗徒长，在保证防雨的前提下，苗床周围的通风口要尽量开到最大。遮阳网要白天盖、晚上揭；晴天盖、阴天揭；前中期盖、后期缩短覆盖时间或不盖，让苗见光锻炼。

（四）定植

1. 定植前准备

栽培设施应选高度 2.2 m 以上的大棚，大棚的通风口最高处应在 1.5 m 左右，并设置防虫网，棚内配齐相应的吊蔓铁丝和支架，用于吊蔓。基肥施腐熟农家肥 30 t/hm^2、油渣 1125 kg/hm^2、氮磷钾三元复合肥 750 kg/hm^2、过磷酸钙 1125 kg/hm^2，然后整畦做垄。做底宽 1 m、高 20 cm 的龟背形垄，并铺设滴灌带，覆盖黑色地膜。在地膜上根据品种特性按规定株距打孔，每垄栽 2 行。

2. 适时定植

当幼苗真叶达到 2~3 叶 1 心时，选晴天下午或阴天进行定植。根据品种特性，每公顷种植密度 1.8 万 ~2.4 万株。移栽定植时间宜选择晴天上午 10 点或下午 4 点后，阴天可全天移栽，每公顷栽植 2.1 万株左右。栽植深度以埋完基质块为宜，栽后用恶霉灵 500 倍液和 0.2% 尿素混合液浇定根水。

（五）定植后管理

1. 肥水管理

在伸蔓期追施速效氮肥 1 次，可施尿素 150 kg/hm^2、磷酸二铵 150~225 kg/hm^2，随水冲施。果实鸡蛋大小时，进入膨瓜期，可追施三元复合肥 375 kg/hm^2。坐果后期可叶面喷施 0.3% 磷酸二氢钾。植株伸蔓期以控水为主，要见干见湿，以利于花芽分化；开花坐果期要控水，防止化瓜落瓜；果实膨大期可结合浇水，随水施用冲施肥，促进果实膨大；果实成熟初期要控制水分，保持土壤干燥，以防裂果；收获前 2 周不浇水，以提高甜瓜品质。

2. 温度、湿度管理

伸蔓期保持昼温 25~30℃、夜温 16~18℃；结瓜期保持昼温 27~30℃、夜温 15~18℃。进入 10 月后，逐渐降低夜温，同时应注意保温，夜间最低温度要保证在 15℃以上。保护地内栽培甜瓜，要求较低的空气相对湿度，要通过开闭风口加以调节，保持白天湿度为 60%、夜间湿度为 70%~80%。

3. 整枝吊蔓

秋延栽培采用单蔓整枝，植株长至 40cm 时及时吊蔓，吊蔓后抹去 12 节以下的侧蔓和雌、雄花，以促进植株生长；选留 12 节以上侧蔓雌花坐瓜，侧蔓留 2 片叶摘心。果实坐稳后，第 22~24 叶左右打顶，及早摘除各个叶腋长出的子蔓、下部老叶、病叶等，以利于通风透光，减少病害。

4. 人工授粉

摘下刚开放的雄花，除去花瓣，将花粉均匀涂在雌花的头上。授粉时要小心操作，避免雌蕊受伤，影响坐瓜。授粉时间为 6~10 点。授粉后挂色牌作记号，便于适时采收。如遇连阴雨或其他不易坐果情况，可在雌花开放前 1~2 d 用施特优、氯吡脲等化学药剂浸花，以促进坐果。

5. 果实管理

授粉 1 周后，当幼瓜长至鸡蛋大小时，选留长椭圆形、青绿色、果脐小、无病虫害、瓜形端正的幼瓜，其他连同结果枝切除，每株仅留 1 瓜。定瓜后用塑料绳在果柄与结果枝连接处将瓜吊起，使结果枝保持水平。为了提高甜瓜外观品质，可用白色透明塑料袋进行套袋，并于收获前 1 周去掉套袋，以促进干物质和糖充分转化。

6. 病虫害防治

秋季网纹甜瓜的病虫害较多，虫害主要有蚜虫、潜叶蝇、斜纹夜蛾、瓜绢螟等，病害主要有白粉病、蔓枯病、病毒病等。病虫害防治坚持农业防治、物理防治和生物防治为主，化学防治为辅，防重于治的综合防治原则。防治虫害可悬挂黄色粘虫板、在通风口设置银灰膜，亦可选用吡虫啉、阿维菌素等药剂叶面喷雾。白粉病可用25%阿米西达1500倍液，或75%达科宁可湿性粉剂（或80%大生可湿性粉剂）600倍液，或32%苯醚甲环唑嘧菌酯悬浮剂1500倍液防治。蔓枯病可用井冈霉素与70%甲基托布津可湿性粉剂调成糊状涂抹患部防治。病毒病可采取以下措施进行综合防治：一是用10%磷酸三钠浸种；二是及时拔除中心病株；三是预防蚜虫、白粉虱、蓟马等害虫；四是可用病毒A可湿性粉剂600倍液，或1.5%植病灵乳油1000倍液进行防治。

7. 适时采收

果实在糖分达最高点，尚未变软时采收最好。可从授粉日期进行推算，也可从外观判断、试食等几方面综合考虑确定适宜收获期。采摘时留“T”形瓜蔓。秋延迟甜瓜可在瓜蔓生长良好、果实不受冷害的前提下，适时晚收，推迟上市时间，以提高种植效益。

图5-4 厚皮甜瓜秋延后栽培

五、滴灌栽培

（一）栽培季节

春大棚2月中下旬至5月中下旬，秋大棚7月上中旬至10月上中旬。

（二）整地施肥

厚皮甜瓜喜肥，需选择土层深厚、有机质含量丰富的沙壤土为宜，为提高甜瓜商品品质，最好一次性施入充足有机肥，尤以鸡粪最佳，每亩应保证 7500~12500 kg 腐熟有机肥，优质 P、K 肥 50~70 kg，最好开沟集中施入。滴灌栽培以小高畦为宜，畦高 15~20 cm，畦距 150~160 cm，畦面宽 80~90 cm，沟宽 60~70 cm，南北向畦。

（三）滴灌设施的选择与安装

大棚滴灌系统包括有压水源、田间首部、输水管道及配套管件，滴灌管等有压水源：大棚中常用水源有机井水、蓄水池、自来水等，根据不同水质要经初步除沙处理，并使其保持入棚压力 0.12~0.15 Mpa。田间首部：包括施肥阀、施肥罐、过滤器及分水配件，用于分别控制水源、施肥、过滤等。输水管道：要求有 0.2 MPa 以上工作压力，并具防老化性能。滴灌管种类繁多，目前适宜大棚甜瓜种植的主要有两种：双上孔单壁塑料软管和内镶式滴灌管。

1. 双上孔单壁塑料软管

由于厂家不同，同类设施也称双翼薄壁软管，该技术由于具有抗堵塞性能强，滴水时间短，运行水压低，适应范围广，安装容易，投资低廉而深受用户欢迎。大棚甜瓜采用该技术，可达到减轻病害，提高棚温，增产增收，节省人力，节约用水等效果。该设备是采用直径 25~32 mm 聚氯乙烯塑料滴灌带，作为滴灌毛管，配以直径 38~51 mm 硬质或同质塑料软管为输水支管，辅以接头，施肥器及配件，一次性亩投资 250~500 元，使用寿命 1~3 年。铺设方式：将滴灌毛管顺畦间铺于小高畦上，出水孔朝上，将支管垂直方向铺于棚中间或棚头。在支管上安装施肥器，为控制运行水压在支管上垂直于地面连接一透明塑料管，以水柱高度 80~120 cm 的压力运行，防止滴灌带压力过大，安装完毕打开水龙头运行，查看各出水孔流水情况，若有水孔堵住，用手指轻弹一下，即会令堵住的水孔正常出水。另外，根据地势平整度及离出水孔远近，各畦出水量会有微小差异，记录在案，用单独控制灌水时间的方法调节水量，检查完毕，开始铺设地膜，由于滴灌软管是在塑料薄膜上打孔直接输水灌溉的一种滴灌毛管方式，因其无滴头，必须在滴灌软管上覆盖地膜，它不仅能起到一般地膜覆盖的作用，还是软管滴灌所必要的配套设施。

2. 内镶式滴灌管

北京绿源塑料联合公司研制，填补了我国高精度非补偿滴灌器材的空白。该滴灌管采用先进注塑成型滴头，然后再将滴头放入管道内的成型工艺，因此能够保证滴头流道均匀一致，使各滴头出水量均匀。内镶式滴灌管，管径 10 mm 或 16 mm，滴头间距 30 cm，工作压力 0.1 Mpa，流量 2.5~3 L/h，一次性亩投资 600~1500 元，使用寿命 5 年以上。铺设方法大体同双上孔滴灌管，区别是每一小高畦上铺设两条滴灌管，即每行植株铺设一根。

（四）品种选择与育苗

1. 品种

春大棚栽培主要目的是提早上市，因此，应选择耐低温弱光、耐湿性良好的早熟品种为宜，如伊丽莎白、京玉 1 号、西博洛坨、状元、蜜世界等。

2. 育苗

滴灌栽培中的育苗方法同一般保护地瓜类育苗相同，需注意播期适宜，滴灌栽培由于水量集中于畦面，侵水面积小，大部分地面处于干燥状态，土温比常规沟灌提高 0.5~2℃，因此春季可提早 3~4 d 定植（比沟灌），故可相应提早播种，根据棚内覆盖情况，北京地区播种期在 2 月中下旬，秋大棚 7 月上中旬，过早过晚均不利于栽培及上市，穴盘育苗（72 孔）苗龄 25 d 即可，营养钵育苗苗龄可稍长一些，生理苗龄 2~3 叶一心为宜，定植前苗床喷一遍杀菌及杀虫剂。

（五）定植及田间管理

1. 定植时期与密度

春大棚定植期 3 月中下旬，秋大棚 7 月底至 8 月初，采用小高畦双行定植，畦上行距 50~60 cm，株距 40~45 cm，每亩密度 1800~2200 株，大棚宜采用南北向畦。

2. 整枝方式

架式栽培最好采用单蔓整枝，在主蔓 9~13 片叶留子蔓坐瓜，其余子蔓及时摘除，也可采用双蔓整枝，即幼苗 3~4 片叶时摘心，选用 2 条健壮子蔓，在子蔓 8~12 节留瓜，双蔓整枝种植密度是单蔓整枝的一半，由于保护地昆虫较少，必须采用人工授粉或用坐果灵保证坐果，待幼果鸡蛋大时疏果，选果形好的留 1~2 个，其余疏掉，以利于养分集中供应，待主蔓或子蔓长到 24~26 片叶时，及时摘心，若生长势弱，可在顶部保留 1~2 个子蔓放任生长，保持一定的生长势。

3. 水分管理

滴灌管理简便易行，只需打开水龙头即行灌水，双上孔软管滴灌运行压力一般为 50~100 cm 水柱，切忌压力过大，否则会破坏管壁或形成畦面积水。简便方法是在支管上连通一透明细管，用以观察其内水柱高度。

土壤湿度观测的简便方法是采用管水指标控制，即在土壤中安装一组 15~30 cm 不同土层深度的土壤水分张力计，以观察各个时期的土壤水分张力值，灌水指标一般以灌水开始点 PF 表示，即土壤水分张力的对数，在张力计上可直观读出，达到灌水开始点，并结合天气状况、生长势等因素决定是否灌水，根据笔者 4 年实际观测，甜瓜适宜的灌水指标为：营养生长期 PF 为 1.8~2.0，开花受粉期 PF 2.0~2.2，结瓜期 PF 1.5~2.0，采收期 PF 2.2~2.5。灌水量也可根据灌水时间控制，并结合天气、长势等因素决定灌水历时的长短。定植水以土壤达到湿润为度，双上孔软管滴灌定植水一般 5~6 h，平时灌水每次历时 2~2.5 h，内镶式滴灌管灌水时间适当延长，注意采收前 7~10 d 停止灌水。滴灌结束了以往靠经验、凭感觉的浇水方式，达到量化科学浇水，容易控制植株最佳的需水状态。大棚内要求尽可能低的相对湿度，良好的通风换气条件可降低病虫害的发病率。

4. 温度

厚皮甜瓜喜温，营养生长期白天的适宜温度为 25~30℃，夜间 18~20℃。

果实肥大期温度稍高，为 30~35℃，开花受粉期应保证夜温 16℃以上，方能正常坐果，生长期内应采取一切有利措施，保证其所需的最佳温度条件。

5. 病虫害防治

由于滴灌方式采用膜下畦面集中灌水，畦间始终保持土壤干燥状态，大大降低了病害的发病程度，平时只要注意通风换气，定期药剂防治，即可控制病害的发生与蔓延。但若通风条件不良，也可发病。常见病害主要有白粉病、蔓枯病、蔓割病、细菌性褐斑病及叶枯病等，常见虫害主要为蚜虫、红蜘蛛、茶黄螨。近年斑潜蝇危害也不可低估，应注意在早期防治。常用药剂有百菌清、瑞毒霉、DT、丰护安、农用链霉素及一些新型杀虫剂，做到勤检查、早防治，方能达到良好的防止效果。

6. 采收及运销

湖南地区春大棚早熟栽培自开花受粉至采收早熟品种需 30~37 d，伊丽莎白等黄皮类型甜瓜果实变黄时为采收适期，京玉 1 号等白皮类型以果实附近叶片失绿时为采收适期。采收应在上午进行。为了减少运输过程中的机械损伤及失水，应采用保鲜膜和泡沫网进行单包装，然后装入特定纸箱，及时运销，一般年份伊丽莎白亩产量为 2000~3000 kg，亩产值 10000~15000 元，日光温室 4 月中下旬收获，亩产值可高达 16000~24000 元，京玉 1 号亩产量高达 2500~3200 kg，产值更高。

图 5–5　厚皮甜瓜滴灌栽培

6 第六章 薄皮甜瓜栽培技术

第一节　薄皮甜瓜主要品种

一、永甜 9 号

黑龙江省齐齐哈尔市永和经济作物研究所选育，果实梨形，白皮成熟后有黄晕，果肉白色，口感好，单果重约 0.4 kg，亩产 2000~2300 kg。

二、永航 1 号

黑龙江省齐齐哈尔市永和经济作物研究所选育，果实长圆形，白皮略带黄晕，果肉白色，口感好，坐果率高，单果重约 0.45 kg，亩产 3500~4500 kg。

三、新甜瓜

湖南雪峰种业有限责任公司选育，果实梨形，白皮，果肉白色，细脆香甜，果实商品率高，单果重约 0.45 kg，亩产 3100~3500 kg。

四、碧玉

湖南雪峰种业有限责任公司选育，果实梨形，绿皮，果肉绿色，细脆爽口，果香浓郁甜，坐果极好，单果重约 0.5 kg，亩产 3300~3700 kg。

五、红城 10 号

内蒙古乌兰浩特市大民农业科学研究院选育，果实阔梨形，果皮黄白色略带微绿，果肉白色，口感好，坐果率高，抗病抗逆性强，单果重约 0.4 kg，亩产 2400~2700 kg。

六、第一金冠

长春大富农种苗科贸有限公司选育，果实近圆，黄白皮，果肉白色，细脆香甜，坐果率高，单果重约 0.55 kg，亩产 3200~3600 kg。

七、高尊糖王

长春大富农种苗科贸有限公司选育，果实椭圆形，黄白色微绿浮润金黄，果肉白色，质地极为沙脆甘甜，甜美若白糖，外香浓郁，单果重约 0.5 kg，亩产 3800~5000 kg。

八、金贵妃

长春大富农种苗科贸有限公司选育，果实圆形至高圆形，底色光亮鲜明，浮金黄微绿，极早转色，白肉细脆香甜浓香，单果重约 0.6 kg，亩产 3000~3500 kg。

九、众天脆玉香

中国农科院郑州果树研究所选育，果实长卵形，黄白皮，浮金黄微绿，极早转色，白肉细脆香甜浓香，单果重约 0.6 kg，亩产 3000~3500 kg。

第二节　薄皮甜瓜栽培模式

一、大棚栽培

（一）选择优良品种

选择适合大棚栽培的优良品种，标准是优质、早熟、高产，以子蔓结

图 6-1　薄皮甜瓜大棚栽培

瓜。如永甜 9 号、永航 1 号、先锋骑士、金凤光、金妃等优良甜瓜品种。

（二）培育适龄壮苗

1. 播种前的种子处理

在播种前的 5~7 d，将种子在阳光下曝晒 2~3 d，可有效促进种子萌发，提高发芽率，为最终得到壮苗打下基础；将种子用凉水打湿后在 50~55℃的热水中浸种 8~12 h。捞出后用湿的热毛巾包裹好置于 30℃的温度条件下催芽，每 4 h 漂洗、翻动 1 次。苗床营养土的配方是用充分腐熟的鸡粪、豆茬或辣茬田土、颗粒状陈炉渣、陈马粪，四者比例是 1∶2∶3∶4，将其充分混匀，每立方米加入过磷酸钙 5 kg，草木灰 2 kg，磷酸二铵 0.5 kg。可在床土内加入 $10g/m^3$ 的多菌灵以防止苗期病害的发生。

2. 播种

播种时间一般是由幼苗定植时间、苗龄及棚室内光照强度来确定。薄皮甜瓜的大棚栽培属于早熟栽培，要求幼苗的苗龄是 50~55 d。松原市薄皮甜瓜栽培育苗播种时间可在 2 月中旬，多选在持续 3~4 天晴天天气的上午进行，播种方法是划印点播，播种前天傍晚或前 4~6 h，将母床用温水打透，铺一薄层含“多·代”合剂的药土 1.0~1.5 cm（多菌灵∶代森锌 =1∶1，1 m^2 的苗床上一般用 10 g 药剂加 15 kg 细土），覆土后将床土轻轻镇压，最后覆盖一层薄膜以达到保温保湿的目的。

3. 播种后管理

薄皮甜瓜播种后到出苗期间要保持白天温度28~30℃，夜间18~20℃；待其出苗后一周内降温，白天温度保持在20~25℃，夜间15℃；出苗一周后到移栽前要浇一次小水，使棚室温度保持在白天25~28℃，夜间10~13℃。

（三）整地施肥

在大棚内栽培甜瓜，要扣越冬棚，整地施肥要在大棚封冻前完成，具体方法如下：开一条行距为90 cm的沟，宽35~40 cm、深25~30 cm。沟内铺上一层15 cm厚的由500倍液EM液浸湿的稻草等植物碎屑，要求在畦的两头适当伸出5~8 cm，这样可以有利于增加沟下部的透气性。将沟中挖出的土与腐熟的鸡粪5∶1混合，然后回填至沟上，做成“鱼脊形”高畦。结合整地在种植地内施入优质有机肥，每亩施过磷酸酸钙200 kg、磷酸二铵50 kg、草木灰50 kg，将其充分混匀后，在畦上开沟施入，沟深约15 cm，然后回土成畦。在两畦中间铺设一道滴灌管，用地膜将其盖严。

（四）定植

甜瓜属于喜温性作物，因此，定植时一定要保证棚内10 cm土温稳定通过12℃，空气温度稳定通过8℃。合理密植，是薄皮甜瓜在大棚内早熟高产优质栽培的一项重要有效措施，所以，必须认真做好，并且要按要求做到位，一点也不能马虎。以畦宽0.9 m，每畦定植1行，株距25~30 cm为宜。

（五）加强管理

1. 温度调节

甜瓜喜高温，因此，生长过程中要求棚内保持较高的温度。缓苗期白天温度为30~35℃，夜间18~20℃；缓苗后白天上午20~32℃，夜间前半夜11~16℃；初花初果期白天30~32℃，夜间15~17℃；盛果期白天上午20~30℃，夜间5~15℃。

2. 水分管理

定植后等到幼苗缓苗后立即浇一次缓苗水，最好选择温水。以后要控制水分以利于促进甜瓜植株的根系生长，达到蹲苗的目的，蹲苗时间为7~10 d。蹲苗结束马上浇一次透水。甜瓜的盛果期对水分的需求比较多，需要多次浇水以保持土壤湿润，5~7 d浇一次水。在果实采收前的10天内要停止浇水，以利于果实有机物的增加。

3. 加强通风换气

栽培过程中一定要及时对大棚进行通风换气，调节室内的温度、湿度，这是甜瓜连续大量开花结果和发棵的必要条件。甜瓜的生长对养分的需求非常高，生长过程中的追肥应遵循“少吃多餐”的原则。有两大关键追肥时期：定植后的7~10 d，选择优质腐熟的有机肥与500倍液的EM菌处理的破半豆子肥液按3∶1的比例追施；当甜瓜植株的蔓爬到架上时进行追肥催秧，防止后期脱肥，所用肥料与前次相同。从缓苗后7~10 d，搭架后4 d开始。喷鸡粪液可以起到提高产量、增甜的作用。

4. 植株调整

生产上可采用立架吊挂，顺畦的方向在其上方1.5 m高处设一道铁线，每个植株上方垂直设一条吊挂丝裂膜或鱼线以吊挂植株。蔓不能自立时应上架。整枝：定植以后植株7节以前发生的子蔓全部及时摘除，从第8节开始留子蔓结瓜，每株预留6个子蔓后主蔓摘心，优选后留4~5个结瓜，每个子蔓留1个瓜，瓜前留3片叶摘心；在最上端的一个子蔓不留瓜，令其代替主蔓继续向上生长到架顶（大约8片叶）再摘心，所发生的孙蔓优选好的留2个结瓜，瓜前留3片叶摘心，其余所发后的孙蔓要及时摘除。

5. 注意改善光照

大棚栽培一定要注意光照的改善，在不影响温度的前提下，最好做到早揭晚盖草帘；及时对大棚的塑料薄膜进行除尘和清除内侧水幕，以保持其透明清洁；应用“超级坐果王”处理正在盛开的结实花，既能促进坐果和果实膨大，又能使成熟期提前。

6. 及时采收

果实有香味溢出，顶部变软且有弹性的现象，说明甜瓜已经成熟，应及时采收。就近销售时可以使果实充分成熟时采收并打包。

二、露地栽培

（一）土壤选择

选择应从前作物、土质、地势三方面去考虑。应严格避免重茬，也不要在隔年种过瓜的地块和轮作年限不够的地块上去种植。甜瓜最适种植于土层深厚，排水良好的砂壤土。砂壤土温度高，能促进早熟，昼夜温差大可以提高果实品质。选择的地块，最好是地势开阔平坦，干燥向阳，不旱不涝，又有灌溉条件。应根据当地的气候条件和采用的品种，因地制宜地选择地块。

图 6-2　薄皮甜瓜露地栽培

（二）整地施基肥

主要包括三方面工作：

（1）深翻和保墒：甜瓜根系较发达，要求耕作层土壤深厚、肥沃、疏松。

（2）结合整地施入基肥。

（3）确定行距，按行距整地作畦。

瓜畦有三种：一种是平畦，在瓜畦两边起畦梁，以便浇水；第二种是低畦，形成一条瓜沟，可以不必再做畦梁；另一种是高畦，即瓜畦高于边畦或地面，瓜种在畦顶或畦边，瓜畦间开沟，以利浇水或排水。一般水浇地，多采用平畦或高畦。旱地种植甜瓜，多用高畦。瓜畦的走向应与当地的主风向垂直。基肥可全园撒施，肥料不足时，也可沟施。用量：由于土壤肥力和农家肥质量不同，很难去定一个准确指标。一般常用的施肥量是每（亩）施粪肥或厩肥 4000~5000 kg，并增施过磷酸钙 40 kg。

甜瓜糖度的高低，主要取决于品种。施用饼肥，能使甜瓜品质、糖度得到改善。但施用化肥，只要搭配得当，注意氮、磷、钾的全面施用，种出的甜瓜，其糖度、品质及产量没有明显下降。因此，在有机肥不足时，可施用化肥，一般每亩施粪肥 1000 kg 左右，磷酸钙 20 kg，硫酸铵 10 kg，硫酸钾 2~3 kg（草木灰 50~80 kg），施入瓜沟，混合均匀。也可用磷酸二铵复合肥，每亩 10 kg。应当注意的是，不能施用氯化铵或氯化钾等含氯化肥，施用含氯化肥后甜瓜品质下降。总之，施基肥时，多施有机肥，有利于提高地温和改良土壤；增施磷肥可改善果实品质，还可增强植株抗性，提高含糖量和促进早熟；土壤瘠薄可适当掺入速效氮肥。施肥应注意深施，这样可诱发根系纵向生长，提高抗旱能力，在旱区和新垦荒地施足基肥尤为重要。

（三）育苗移栽

育苗是薄皮甜瓜集约栽培的一项重要措施。我国北方采用先育苗再定植于露地或保护地的种植方式，可以避开霜冻的危害，延长生育期。因此，育苗有利于保苗，促进苗全、苗壮，还可促进早熟增产。

1. 苗床设置

苗床场地必须选择背风向阳，地势高燥，平坦，靠近水源，管理方便的位置。

2. 营养土的配制

营养土要求营养充足，质地疏松，保水通气良好等条件。制坨后，要干不硬，湿不散，无虫无病菌。使培育出的苗根系发达，生长健壮，抗逆性强。一般营养土的配比是：2 份充分腐熟的马粪或草灰，2 份腐熟的猪粪，6 份没种过瓜的田土，每立方米土还要加过磷酸钙 1 kg，草木灰 5 kg，或用 800 倍甲基托布津和美曲磷酯液边喷边混拌均匀进行消毒。

3. 浸种、催芽、播种

播种前先用 50℃的温水浸种 4~6 h。浸种后取出擦去种皮的水分和黏液，用纱布包好，放在 25~30℃的温度条件下催芽；如用 0.1% 的硼酸或

0.1% 硫酸锰浸种，发芽率更高，出苗整齐，而且可以促进幼苗根系的发育。一般催芽 24 h 即可大部分出芽，当芽露白时即可播种。催芽地点可选发酵的粪堆、煤火盆、炕头、温室、锅炉房等处，温度以 30℃为宜。催芽后即可播种。播种前要对已准备好的苗床灌透水，然后在营养钵的中间扎一深 2 cm 的小孔，将催好芽的种子播入小孔内，一钵一粒，芽向下。随播种随用筛子将消过毒的床土筛覆，覆土厚 1 cm。

4. 苗床管理

播种后，在床上每隔 1 m 插一方形支架，上部再覆盖上农膜，要贴严，绷紧，两侧及两端要用土压严。盖棚后要经常注意床内的温度、湿度及通风管理。甜瓜发芽温度为 25~35℃，出土后白天温度保持在 25~28℃，夜间 20~22℃，最低不低于 15℃。出苗后到真叶出现期间，最易因胚轴伸长而徒长，苗出齐后白天应逐渐通风，防止高温高湿，同时应使日照充足。一般经验，苗小时小通风，苗大可大通风，中午晴天多通风，早晚阴天少通风。开始通风时，通风口要小些，时间要短些，要在背风一端开口通风。通风口由小到大，通风时间逐渐延长。根据气温及苗情及时对幼苗进行锻炼，最后可白天打开，夜间盖上，定植前几天，夜间放风或不加覆盖。通风管理一方面靠经验，一方面要在床内放温度计，根据温度、湿度计来指导通风管理。此外，北方育苗早春回寒时，应准备防寒的草帘或其他覆盖物，以备夜间低温时使用。

5. 定植及合理密植

定植期以地温稳定在 15℃以上和当地晚霜已过为准。一般选冷尾暖头的温暖晴天定植。定植前 3 天，苗床应逐渐加强放风锻炼，直至全部撤掉覆盖物，适应大环境。定植前一天午后，苗床要浇一次透水。定植的行株距为 100 cm × 30 cm，在地膜上打孔，将幼苗放入孔内。

6. 追肥

甜瓜苗期大约 25 d，吸收养分很少，主要吸收氮素和磷素。抽蔓到开花坐果期是甜瓜的旺盛生长期，吸收养分的速度逐渐加快，应结合浇水进行以氮为主的追肥，促进植株形成较大的叶面积，为光合作用打下基础。追肥方法：在离秧 20 cm 处开深 15~20 cm 的沟，将碳酸氢铵施入沟内，随之浇水，水渗后埋土填沟。开花坐果期，不可生长过旺，否则容易造成化瓜，降低坐果率。但是植株生长不良，营养不足，也会造成授粉不良，落花落果。此时为了增强植株的光合作用，促进其性器官的发育和形成，提高坐果率，可进行叶面追肥，喷施浓度为 0.3%~0.4% 磷酸二氢钾和 0.5%~0.6% 尿素，5 d 喷 1 次，喷 2~3 次。果实膨大到成熟期，营养生长和生殖生长都需要大量养分，应于秧苗两侧开沟，亩追碳酸氢铵 50 kg，硫酸钾 25~30 kg，或追施 50 kg 左右的草木灰，施肥后浇水。

7. 合理浇水

生长旺季，可 1~2 d 浇 1 次水，也可观察植株的长势决定是否浇水。甜瓜的叶色淡绿，瓜蔓顶端明显向上生长，表明植株体内水分过多，不能浇水。叶色深绿，蔓叶粗壮，表明植株体内水分适当。中午叶缘稍卷缩下垂，过夜后清晨恢复正常，是植株开始缺水的表现。全叶卷缩下垂，叶片不能恢复正常，则表明植株严重缺水。浇水的时间是作物即将表现缺水的时候。甜瓜浇水应以沟浇为主，不能采用大小漫灌。

8. 整枝

整枝可以调节植株体内营养供给和植株间的光照条件，提高单株坐果率，促进早熟，增加果实含糖量，以获得优质高产。

整枝应根据肥水条件和作物生长情况灵活操作，原则上应做到适时、适量和合理，保证一定的叶面积，摘除过多稠密的茎叶，调节植株内营养的分配，使更多的营养集中供给花蕾和果实。在密植的条件下，整枝可以解决植株群体和个体利用光能和地力。

薄皮甜瓜的整枝方法是：在幼苗出现 5 片真叶时摘去顶心，选留 4 个侧蔓，侧蔓长出 7~8 片叶时摘去生长点，每个侧蔓生出孙蔓后，在孙蔓上选留 6~7 个瓜，每个孙蔓留 3~4 片叶后摘去孙蔓的生长点，这样单株坐果一般在 5 个以上，亩产量可达到 2000 kg 左右。

9. 采收和留种

薄皮甜瓜雌花开放后 25~30 d 采收。早熟栽培 6 月初上市，应掌握成熟度采收，以保证果实品质。

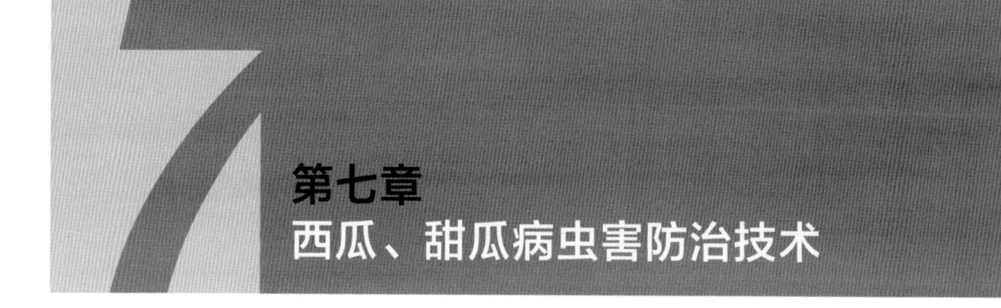

第七章 西瓜、甜瓜病虫害防治技术

第一节　真菌病害的识别与防治

一、猝倒病与立枯病

1. 猝倒病

（1）症状：猝倒病是瓜类苗期病害。种子萌发后烂种、烂芽；出土幼苗茎基部出现水渍状黄色病斑，缢缩成线状，幼苗倒伏；湿度大时，病斑长白色菌丝体；果实受害后绵腐。

（2）传播途径：以菌丝体和卵孢子在病残体及土壤中越冬。在温湿度条件适宜时，形成孢子囊及游动孢子，靠灌溉水或雨水冲溅传播，浸染瓜苗根基部，引起缢缩坏死、变褐、猝倒。

（3）发病条件：低温高湿，施用未腐熟有机肥者发病多而重。病菌生长适宜地温 10~16℃，高于 30℃受到抑制。

2. 立枯病

（1）症状：幼苗及大苗均能受害。受害苗茎基部出现长条形或椭圆形凹陷病斑，病苗白天萎蔫，晚上恢复，数日后病株萎蔫死亡。

（2）传播途径：病菌以菌丝 或菌核在土壤中或病残体上越冬，一般在土壤中可存活 2~3 年。病菌从伤口或表皮直接侵入幼茎，引起根部发病，病菌在田间通过风雨、耕作、流水、地下害虫及带菌的堆肥等进行传播。

（3）发病条件：多年连作的瓜田，施入未腐熟农家肥的瓜田，发病率高；土壤黏重、地势低洼排水不良、播种过深、覆盖地膜（膜下土壤湿度过大）也可导致立枯病加重。

3. 猝倒病和立枯病的区别

瓜猝倒病是在种子萌发后烂种、烂芽，或幼苗茎基部缢缩呈线状，幼苗猝倒死亡。在高湿条件下，病斑上可见白色絮状菌丝体；后期果实受害后呈绵腐状。瓜立枯病在幼苗期和成株期均可发病。根茎部病斑呈梭形凹陷，萎蔫死亡。

防治要点：瓜田排水性要好；温床育苗；化防用甲基托布津、普力克、恶霉灵、多菌灵、甲霜灵或铜铵合剂、甲基立枯磷、安克·锰锌、霜脲·锰锌、甲霜铜等药剂防治。农药要交替使用，用量参照产品说明。

二、枯萎病

枯萎病也叫蔓割病、萎蔫病。

1. 症状

西瓜全生育期均可发生，结果初期为发病盛期。植株患病典型症状是病蔓基部萎蔫变褐，茎皮纵裂，裂口处有溢出琥珀色胶状物，病蔓纵剖，维管束呈黄褐色，潮湿环境下，病部常见粉红色霉状物，即病原分生孢子。病蔓萎蔫，中午更为明显，数日后整株萎蔫枯死。

2. 传播途径

病菌主要以菌丝体、厚垣孢子或菌核在未腐熟的有机肥和土壤中越冬，分生孢子也可附着在种子表面越冬。病菌从根部伤口或根毛顶端侵入寄主薄壁细胞间和细胞内，再进入维管束，阻塞导管，干扰新陈代谢，导致西瓜萎蔫，中毒枯死。

3. 发病条件

瓜类枯萎病菌在土壤中可存活 8 年左右，因此连作田发病重。若选用不抗病品种、栽培粗放、地势低洼、排水不良、地下害虫危害重等，都可诱发枯萎病发生。

4. 防治要点

与非葫芦科作物轮作，水旱轮作；选用抗病、耐病品种；嫁接防病；种植前土壤消毒；发病初期选用敌克松、甲基托布津、百菌通、络氨铜、多菌灵等药剂灌根或交替喷雾，用量参照产品说明。

三、蔓枯病

蔓枯病又叫黑腐病、黑斑病、褐斑病。在厚皮甜瓜上危害特别重。

1. 症状

叶部病斑初为淡褐色、近圆形小斑，逐渐扩展成不规则形大斑，褐色，多呈“V”字形楔形斑，病叶干枯。瓜茎蔓分叉处、叶柄、根基部病斑，呈水渍状灰绿色长条形，后呈褐色，表皮龟裂不断分泌出橘红色胶汁，后期密生黑色小点，其维管束不变色。果实表皮上的病斑呈水浸状，中央为褐色枯斑，并有同心轮纹和小黑点。

2. 传播途径

病菌以分生孢子器和子囊壳随病残体落在土壤中和未充分腐熟的有机肥中越冬，种子也可带菌。分生孢子借风雨、灌溉水传播，从气孔、水孔、伤口侵入，反复侵染蔓延。

3. 发病条件

病菌发育温度范围为 5~35℃，最适宜温度为 20~24℃。连作地，降雨次数多，浇水过多，排水不良，种植过密，通风透光不足，偏施氮肥等不良原因，发病重。

4. 防治要点

种子消毒；合理整枝、及时排水，创造干燥和通风透光的环境；发病初期选喷多菌灵、杀毒矾 M8、甲基托布津、代森锰锌、扑海因等药剂，也可用复配药粉（甲基托布津∶杀毒矾∶农用链霉素＝1∶1∶1）加水调成糊状涂于病株发病部位。

四、疫霉病

瓜疫霉病又叫瓜疫病。发病似瘟疫，来势猛，植株死亡快。

1. 症状

幼苗、成株均可发病 。病根茎部发生暗绿色水渍状病斑，软腐，病叶呈青灰色易破碎，植株萎蔫青枯死亡，维管束不变色。病果面形成暗绿色水渍状大斑，表面密生白色霉状物，导致果实腐烂，多发生在雨季或田间浇水量过大，瓜根被水浸泡时间过长而发病 。

2. 传播途径

病原菌主要以菌丝体、卵孢子和厚垣孢子在病残体、土壤和未腐熟的有机肥中越冬。第二年卵孢子和厚垣孢子萌发产生孢子囊，孢子囊及游动孢子又借风雨、灌溉水传播，芽管可直接侵入或从伤口侵入寄主，不断进行再侵染。

3. 发病条件

田间湿度和栽培措施对该病影响最大，如掘氏疫霉菌生长温度范围是9~37℃，发病适宜温度为26~29℃，在田间湿度高于90%时发病重。若雨季来临早、雨量大、雨日多的年份则发病早、病害传播迅速。凡是地势低洼，浇水过多，排水不良，根被水浸时间过长，果被淹更易发病。

4. 防治要点

轮作；瓜地要排水良好，采取短畦、深沟，浇灌无污染水；合理整枝，通风透光；发病初期 选用百菌清、乙磷铝、瑞毒猛锌、杀毒矾 M8 等药剂灌根或喷雾。

五、炭疽病

1. 症状

叶部病斑边缘紫褐色，中心淡褐色，有同心轮纹和不太明显的小黑点，易穿孔。叶柄和瓜茎蔓上病斑凹陷呈梭形、长椭圆形。果面病斑褐色近圆形、稍凹陷、龟裂，边缘暗绿色呈水浸状。湿度大时病斑上产生粉红色黏状物，有时可见黑色小点环状排列。瓜果腐烂。

2. 传播途径

病菌以菌丝体和拟菌核，在病残体或土壤中越冬，种子也可带菌。以菌丝从气孔和伤口侵入寄主，分生孢子通过流水、雨水、昆虫和人畜活动进行传播，重复侵染。

3. 发病条件

高湿是诱发本病的主要因素，气温在 10~30℃均可发病，而以 20~24℃，相对湿度 90% 以上最为适宜。重茬地、地势低洼、排水不良、重施氮肥、通风不良发病重。

4. 防治要点

轮作倒茬，选用抗病品种，种子消毒；选择排水通畅的地块；合理密植，适时整枝，保持通风透光；防病选择代森锰锌、甲基托布津、炭疽福美、炭特灵、多福、百菌清、农抗 120 等药剂喷雾保护，每 7~10 d 喷一次。结合喷施叶面肥 0.2%~0.3% 磷酸二氢钾，防效更佳。

六、白粉病

1. 症状

白粉病多发生在结瓜期及成熟期。该病主要侵染叶片、叶柄、茎蔓，果实也可受害。初期叶片正面或反面出现白色小霉点，病斑逐渐扩展，叶片正面或反面布满白色粉状物。后期白粉层中有时可产生深褐色小粒点，叶色发黄变褐，质地变脆，植株早衰。

2. 传播途径

白粉菌是专性寄生菌，在瓜类作物及其他寄主上越冬，成为来年初次侵染源。发病后产生大量分生孢子，借气流和雨水传播蔓延。

3. 发病条件

白粉病分生孢子在 10~30℃的范围都能萌发，而在 20~25℃最为适宜，当田间湿度较大，温度在16~24℃时，白粉病最为流行，在温室、塑料大棚里，植物枝叶过密，遇空气闷湿，通风不良，更易发病。

4. 防治要点

选择抗病良种；加强田间管理，及时整枝打杈，创造通风透光条件；药剂防治，以预防为主，白粉病选用甲基托布津、粉锈宁、世高、福星、翠贝、腈菌唑、腈菌・三唑酮等药剂。

七、霜霉病

1. 症状

瓜霜霉病对甜瓜危害重。发病初期叶片上出现黄色小斑点，病斑扩展，蔓延形成褐色，受叶脉限制成多角形病斑。潮湿环境下，叶背面生有灰黑色霉层，严重时叶片焦枯，似火烧，植株早衰，果实不能成熟。

2. 传播途径

霜霉菌是专性寄生菌。病原菌以卵孢子在土壤中的病残体上越冬或以菌丝体和孢子囊在温室大棚瓜上越冬。病菌体、孢子囊借气流雨水、灌溉水的飞溅及害虫而传播。菌体从寄主气孔或皮孔直接侵入，引起发病。

3. 发病条件

高湿是发病的主要条件，遇多雨、暴雨天气，田间植株生长茂密、灌水过多、排水不利造成小气候湿度达90%以上，温度26℃左右，昼夜温差大，利于病害大流行。

4. 防治要点

选择抗病品种；加强田间管理，及时整枝打杈，创造通风透光条件；药剂防治，以预防为主，化学防治选用杀毒矾、阿米西达、抑快净、克露、乙膦酸铝、百菌清、烯酰吗啉、甲霜锰锌、烯酰・锰锌等药剂喷雾防病。

第二节　病毒病的识别与防治

一、瓜类病毒病种类

西瓜花叶病毒（Wuskmelon mosaic virus 2，WMV2）、甜瓜花叶病毒（Wuskmelon mosaic virus，WMV）、番木瓜环斑病毒西瓜株系（Papara ringspot virus type W，PRSV-W）、烟草花叶病毒（Tobacco mosaic virus，TMV）、黄瓜绿斑花叶病毒（Cucumber gyeen mottle mosaic virus，CGMMV）、番茄斑萎病毒（Tomato spotted wilt virus，TSWV）、甜瓜坏死斑点病毒（Melon necrotic spot virus，MNSV）、小西葫芦黄花叶病毒（Zucchini yellow mosaic virus，ZYMV）、南瓜花叶病毒（Squash masaic virus，SQMV）等均为瓜类病毒。

1. 症状

叶片呈浓绿与淡绿色和黄绿色斑驳相间的花叶，叶变小，叶面凸凹不平、皱缩或叶片变狭长，畸形。或为明脉，环斑、坏死斑，在幼嫩生长点更为明显。新生茎蔓短缩，植株矮化，生长点簇生不长。果实发育不良，形成畸形瓜，小果，果面凸凹不平。瓜瓤暗褐色，品质差产量低。如果发病早就会绝产绝收。

2. 传播方式

一种非介体传播汁液摩擦传播也称为机械传播，如田间病健苗直接相互摩擦接触；农事操作如整枝打杈、绑蔓等的传播；种子带毒可表现为早期侵染和远距离传播。另一种介体传播主要是昆虫（蚜虫、叶蝉、飞虱、叶甲、粉虱、蓟马）、螨类、线虫、真菌、菟丝子等。

二、无公害防治

1. 从无病株上留种瓜，减少种子带菌

选用抗病耐病品种。

2. 种子消毒

用 10% 磷酸三钠溶液浸种 15~20 min 后，用清水冲洗干净；或用恒温干燥箱干燥处理种子，从 40~70℃逐渐升温，（注意：恒温不要超过 70℃，根据种皮薄厚分别处理 8~24 h，以免降低种子发芽率），可减轻种子带毒率。

3. 加强栽培管理

①切忌西瓜与南瓜混种，以免蚜虫相互传毒。②选用抗病、耐病品种，适时早播，采用地膜加塑料膜拱棚种植，促进瓜早熟，达到避蚜防病增产效果。③幼苗期发现个别病株应及早拔除或早防治，控制病害蔓延。④叶面喷 0.2%~0.3% 磷酸二氢钾，增施磷钾肥，提高植株抗病性。⑤田间整枝打杈、绑架等农事操作，应将病株与健株分开操作，以免人为传染，在病株上操作后，应用肥皂水或 10% 磷酸三钠水洗手。⑥彻底清除田边田间杂草，防止昆虫传毒。

4. 治虫防病

①两片子叶期应防治蓟马保全苗。田间发现蚜虫中心危害株，及早点片喷药或涂药，禁止大面积乱用药伤害天敌。②喷雾法，用阿维 · 吡虫啉乳油或 20% 灭扫利乳油 3000 倍液等药剂防虫。发病初期选喷病毒 A 可湿性粉剂、植病灵乳剂、抗毒剂一号水剂、菌毒清、菌克星、83 增抗剂等药剂。

5. 物理防治方法

银灰膜或天蓝色膜拒虫防病。用黄色粘虫纸或黄塑料板涂不干胶、涂黄油以诱粘蚜虫、白粉虱、潜叶蝇等害虫。

第三节　细菌性病害的识别与防治

一、细菌性病害的种类

1. 细菌性角斑病

（1）症状：病叶上呈现水渍状褐色多角形病斑，后成坏死斑，易破裂。果面受害初呈水渍状斑点，病菌易从茎、果柄与花梗处侵入果肉，引起果肉腐烂，致使种子带菌。湿度大时，病斑上易产生泪滴状乳白色菌脓，干燥时菌脓呈白色薄膜覆盖寄主表层。

（2）传播途径：病原菌在种子内或随病残体遗留在土壤中越冬。通过风雨、灌溉水、昆虫和农事操作传播，从气孔、水孔及皮孔等自然孔口侵入植物体内为害。

（3）发病条件：病菌发育最适温度为25~28℃，多雨、高湿条件下，低洼地及连作地发病重。

2. 果实腐斑病

又称西瓜水渍病或西瓜细菌性斑点病，是出口种子上规定检疫性有害生物之一。

（1）症状：受害病斑外圈水渍状，中心呈褐色坏死斑。叶片上病斑由点状扩展成角斑或不规则大斑，田间湿度大有露珠时，病斑上可见明显的乳白色菌脓，菌脓干涸后呈灰白膜覆在叶面。果面上病斑呈水渍状，凹陷坏死斑中心渐渐龟裂，常溢出菌脓。细菌侵入果肉，有时呈蜂窝状，果肉腐烂，种子带菌。

（2）传播途径：病原菌主要在种子和土壤病残体上越冬，成为来年发病的初次侵染源，其次是前茬收获后落在田间的种子，长出带菌自生苗也是重要的侵染源。病菌通过植物的伤口或自然孔口（皮孔、气孔、水孔、蜜腺等）侵入。病斑上的菌液借助雨水的飞溅、气流风力、灌溉水和昆虫取食迁移以及农事操作等传播，形成多次重复侵染。远距离靠带菌的病种和病果传播。

（3）发病条件：高湿是决定病害流行的主要条件，当温度在22~28℃时，遇到持续阴雨、多露的天气，又是连作田植株生长茂密，或保护地通风透光差，易于病害发生。田间品种间抗性也有明显差异。

其次还有细菌性褐斑病、瓜类细菌性枯萎病等。

二、细菌性病害的防治

（1）加强检疫（果实腐斑病）严禁带菌种子进入田间，幼苗期发现病株要及早防治或销毁。

（2）土壤消毒与轮作（方法同防治真菌病害）。

（3）选无病瓜留种，播种前种子消毒，种子用硫酸链霉素或新植霉素4000倍液或80%抗菌剂（402）2000倍液或次氯酸钠300倍液浸种30 min或55℃温水浸种15 min，或种子干热消毒用干热恒温箱40~58℃逐渐增温4~8 h。

（4）加强栽培管理：①及时排除田间积水；②合理整枝，减少伤口；③生长期及收获后及时清除病叶、病蔓，并深埋。

（5）药剂防治：采收种子时可选用1.2mL/L的Physan-20或80倍的Tsunami100原液等药剂洗涤种子15 min，清水洗，高架晾晒，快速干燥。田间发病初期选择喷洒络合铜水剂、氢氧化铜、甲霜铜、噻枯唑、可杀得、琥胶肥酸铜（DT）、百菌通、中生菌素、农用链霉素、新植霉素、波尔多液、铜皂液、靠山、绿得保、加瑞农、杀菌宝等药剂。

第四节　根结线虫病及无公害防治

一、症状

线虫寄生于植物的侧根或须根上，形成根结，多个根结相连呈鸡爪状或串珠状。瓜幼苗期受害，导致幼苗急性死亡。成株期被害，瓜株明显瘦弱，叶片萎黄，常提早枯死。

二、发病规律

根结线虫以卵或2龄幼虫在土中或根结中越冬。病土、病苗及灌溉水是主要传播途径。

三、无公害防治

1. 轮作

忌重茬连作，实行 2~3 年的轮作或水旱轮作。

2. 翻耕

病田拉秧后及时翻耕土壤、灌水及覆地膜高温闷棚数天，窒息杀灭线虫及卵，效果很好。

3. 选用无病土育苗

使用充分腐熟粪肥，预防苗期病害。

4. 药剂防治

在播种或定植前 15 d，可选用棉隆、D−D 混剂、丁硫克百威等药剂进行熏蒸或土壤处理。生长期可选用米乐尔、辛硫磷、美曲磷酯、天诺线净、菪敌克、阿维菌素、厚孢轮枝菌等穴施或灌施，可有效地控制土壤中的线虫密度。

5. 生物防治

利用生防制剂防线虫，如用紫色青霉菌、芽孢杆菌等可有效控制根结线虫。

第五节　生理性病害的识别与防治

一、沤根病

1. 症状

地上部分生长缓慢、停滞、萎蔫，叶上无病斑，子叶或真叶变黄，地下根皮变黄，不长新根或仅长少而细的新根，严重者根腐烂，幼苗死亡。一般成片地发生。

2. 病因

在西瓜育苗或定植初期，遇连阴雨或下冰雹天气或因苗床土质黏重，分苗时浇水过多，透水性差，造成土壤低温高湿，氧气不足，引起沤根。

3. 防治方法

选择土质疏松，排水良好的地块。苗床或田间幼苗期要少浇水，确保土壤温度、湿度及通风的良好条件。雨后应及时排水排湿、撒施草木灰，中耕松土，提高土壤透气性及地温利于幼苗生长新根。

二、急性凋萎

1. 症状

急性凋萎是西瓜嫁接栽培容易发生的一种生理性凋萎。其症状初期中午地上部分萎蔫，傍晚尚能恢复，经 3~4 d 反复，以至枯死，根茎部略膨大，但无其他异状，维管束不发生褐变。

2. 病因

①与砧木种类有关，葫芦砧发生较多，南瓜砧很少发生。②从嫁接的方法来看劈接较插接容易发病。③随果实膨大、随叶面积的扩大，砧木根系的吸水量不能适应蒸腾而发生凋萎。④整枝过度，抑制了根系的生长，加深了吸水与蒸腾间的矛盾导致凋萎加剧。⑤湿度小，光照强均可导致植株的急性凋萎。

3. 防治方法

选择适宜当地种植的品种与砧木。加强农业防治措施，增施充分腐熟的有机肥，合理整枝与灌水。

三、畸形果

1. 症状

西瓜果实发育过程中，由于生理原因往往产生一些不正常的果形，影响果实的商品性和品质。畸形果有扁形果、尖嘴果、偏头形果、葫芦形果、棱角果、皮厚畸形果等。

2. 病因

①低温条件下，低节位雌花结的果；②花芽分化时，受低温影响形成畸形花，授粉结的果实亦表现为畸形或授粉不均匀；③花芽在分化过程中进入

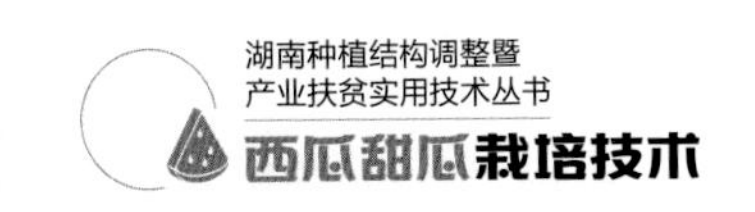

子房的锰和钙元素不足；④土壤干旱，尤其是瓜在幼果时受旱，水分和养分供应不足，也极易形成畸形果。

3. 防治方法

①深耕增施优质腐熟有机肥，促进根系发达，植株健壮生长。②适期播种，注意保湿，适时适量供水、供肥，促进果实顺利膨大。③人工授粉涂抹在雌花柱头上的花粉要均匀。④根据栽培目的控制坐果部位，避免低节位留果，并及时摘除畸形幼果。

四、空洞果

1. 症状

空洞果外形没有明显症状，在成熟期形成，分横段空洞和纵段空洞两种。横断切开西瓜，从中心沿子房心室裂开而出现空洞，叫横断空洞果；纵段切开西瓜，在着生种子部位裂开而出现空洞，叫纵段空洞果。

2. 病因

横断空洞果大部分是低节位的变形果，低温时所结的果实往往发生空洞，果实因种子数量少，心室容积不能充分增大，当遇到低温和干旱时，光合作用形成的物质输送不足，种子周围没有充分膨大，以后又遇到高温，加快了成熟速度，促进果皮发育，最终形成空洞果。纵段空洞果实在果实膨大后形成的，当种子周围已趋成熟，而靠近果皮附近的一部分组织仍在发育，由于果实内部组织发育不均匀，使种子周围那一部分瓜瓤裂开形成空洞。

3. 防治方法

①设施栽培在结果期注意保温，使西瓜在适宜的温度、水分条件下坐果膨大。②科学施肥：应用有机肥或生物菌肥；合理追施氮磷钾复合肥或西瓜专用肥。③合理整枝、灌溉促进瓜株生长，保证果实正常发育。

五、裂果

1. 症状

西瓜果实开裂、爆裂，常引起田间烂果，失去经济价值。

2. 病因

田间种植瓜土壤干旱后下暴雨或大量灌水，水分供应不均衡，土壤水分急增，果实迅速膨大而造成裂果。裂果与品种和栽培有关，果皮薄、质脆的品种容易裂果。

3. 防治方法

①避免土壤水分的突变，一般采用地膜覆盖栽培，采用拱棚防御栽培，可减少裂果。②掌握早晚灌水时间，中午烈日不灌水，避免冷热聚变而造成裂果。③设施栽培，若换气不当或夜间低温，导致果皮硬化，容易引起裂果，因此要防止夜间低温。④植株生长势过旺容易引起裂果，因此栽培小果型品种应采取不整枝或留 4~5 蔓整枝。⑤增施钾肥提高果皮韧性。在傍晚时采收可减少裂果。

六、日灼果

1. 症状

西瓜果实在烈日的暴晒下，果实表面温度很高，果面组织被灼伤坏死，失绿，失水形成干疤。

2. 病因

日灼果的发生与品种有关，皮色深的品种容易发生。丘陵地区土质较瘠薄，植株营养生长差，藤叶少，果实暴露日灼果多。病害虫害为害形成枯叶、落叶，瓜果暴露在阳光下成日灼果。

3. 防治方法

西瓜生长前期增施氮肥，或喷施叶面肥促进叶蔓生长；高温季节，果实暴露时，应及时采取果面盖草防日晒。

七、肉质恶变果（紫瓤果）

1. 症状

切开西瓜观察，果肉部分种子的周围，呈水浸状紫红色，严重时种子周围细胞崩溃，像渗血状，果肉变硬，呈半透明状，有一股异味，完全丧失食用价值。

2. 病因

果实受高温和阳光直射，出现叶烧病的植株上容易形成肉质恶变果。此外，坐果后的植株感染黄瓜绿斑花叶病毒（CGMMV）也会引起果肉恶变。

3. 防治方法

①深翻土壤，多施有机肥料，保持土壤良好的通气性；②适当整枝，避免整枝过度，抑制根系的生长；③叶面喷施 0.2%~0.3% 的磷酸二氢钾或其他叶面肥料，防止植株早衰；④夏季高温阳光直射的天气，叶面积不足使果实裸露时，应盖草遮阴可防止日灼果的产生；⑤防止病毒病的传播，叶面喷施防病毒剂，增强植株抗病性。

八、营养失调缺素症及防治方法

1. 营养失调缺素症

（1）缺氮症：植株叶片小而薄，叶色淡而黄，茎蔓瘦弱，生长速度缓慢，分枝少，早衰。病因：土壤中供应植株氮元素不足或根系吸收氮素发生障碍。

（2）缺磷症：茎蔓短小，根系发育不良，开花迟易落花、落果。病因：土壤中缺少磷元素或植株吸收磷受抑制所致。低温影响根系对有效磷的吸收。

（3）缺钾症：下部节位叶片边缘、叶尖黄化，叶片向内卷曲，并伴生褐色焦枯斑；瓜株茎蔓细弱，致使坐果困难，果形小，品质差。病因：土壤中钾元素供应不足，瓜田又不注重施用农家肥作基肥。

（4）缺铁症：叶片叶脉间黄化，叶脉仍为绿色，新生顶叶更明显。病因：西瓜种植在碱性土壤，或土壤过干、过湿及低温，均易出现缺铁症。

（5）缺硼症：幼叶黄，顶端枯，叶的中部上拱，边缘向下卷曲，叶呈降落伞状。病因：土壤干旱及土壤中缺硼，满足不了植株生长的需要。

（6）缺钙症：缺钙植株的新生部位如顶芽、根尖等生育停滞、萎缩；叶缘发黄、卷曲，呈“焦边”状；果实蒂部凹陷呈褐腐果。病因：土壤酸度较高时，能使钙很快流失；土壤含盐量高，或施硫酸铵、氯化钾等致使土壤中盐的浓度过高，或土壤干旱、缺水阻碍了根系对钙的正常吸收。

（7）缺锌症：茎蔓纤细，节间短，叶小发育不良，向叶背翻卷，叶尖和叶缘变褐并逐渐焦枯。病因：土壤中缺乏有机肥，或干旱缺水，或土壤呈碱性均易缺锌。

2. 防治方法

（1）施足底肥，增施优质腐熟有机肥，并配合复合肥作基肥，充分改良土壤透气性。

（2）追施速效性氮、磷、钾复合肥。

（3）根据植株生长势喷施叶面肥。如 0.1%~0.3% 磷酸二氢钾水溶液，或 0.1%~0.5% 硫酸亚铁或黄腐酸铁水溶液，或 0.3%~0.5% 硫酸钾或硝酸钾水溶液，或 0.2%~0.3% 硼砂水溶液，或喷施 1:（300~400）倍液氨基酸钙或腐殖酸钙，或 0.1% 硫酸锌溶液。

3. 常见的药害、肥害

症状：叶斑、皱缩、黄化枯焦；烧根死苗。注意科学施用药肥。

第五节　主要虫害的识别及防治

一、苗期害虫的种类

1. 地老虎类

属鳞翅目夜蛾科 *Agrotis* 属。主要种类有小地老虎、黄地老虎等。幼虫食性杂。一年多代。幼虫危害幼苗，凶如猛虎，因而得名。幼虫共 5~6 龄，其 1~2 龄幼虫常生活在幼苗嫩叶丛中，食量很小，但能破坏顶芽，造成“无头株”。3 龄以后在土中咬食幼茎，一夜可咬断几株幼苗，虫龄越大，危害性越大。地老虎蛾日伏夜出，以植物花蜜为食，对短光波有较强趋光性。耕灌可杀灭地老虎的蛹、幼虫和卵；灯光与糖浆可诱杀成虫；苗期喷药，毒饵诱杀幼虫等为常用防治法。

2. 蟋蟀类

属直翅目蟋蟀科，*Gryllus* 属，蟋蟀俗名蛐蛐。

成虫若虫咀嚼幼苗，咬断幼茎。日伏夜出，善跳、善飞，有趋光性。雄性好斗。毒饵诱杀，灯光诱杀，傍晚时喷药，效果皆好。

3. 蝼蛄类

属直翅目蝼蛄科。*Gryllotalpa* 属昆虫。俗名土狗子、啦啦咕。

非洲蝼蛄，1~2 年一代，华北蝼蛄 3 年左右 1 代。前足为开掘足，土栖，吃土中萌芽的种子，咀嚼幼苗，切断根茎，受害根呈乱麻状，在土中制隧道，造成“幼苗吊根”，失水死苗。春秋两季危害最重。毒饵诱杀成虫和若虫，马粪或灯光诱杀成虫结合捕杀效果更好。精耕细作能有效地抑制其种群数量。

4. 蛴螬

属鞘翅目金龟甲科，其幼虫称蛴螬，种类颇多。

蛴螬，头红、体白胖、多皱褶弯曲成“C”形，在土中取食植物残体和植物根系。施用未腐熟有机肥者，发生多。深秋耕，灯光诱杀成虫，土中施液氨，施白僵菌、绿僵菌，或施辛硫磷等农药防治。

5. 网目拟地甲

属鞘翅目拟步甲科。网目拟地甲（*Opatrum subaratum*）俗名沙潜。多食性，成虫在地表咬幼苗，幼虫在土中食根造成死苗。成虫只爬行不能飞，早播早植，可减轻或避免受害。

6. 金针虫类

属鞘翅目叩头虫科，常见种类分属于 4 个属，即 *Agrites*、*Pleonomus*、*Melanotus*、*Selatosoms*，其幼虫土栖，体长 10~20 mm，细圆柱形，金黄色，通称金针虫。3 年完成 1 代。幼虫在土中蛀食种子，咬食根和幼茎，造成死苗。水旱轮作、土地耕灌、药剂处理种子、施用毒饵，皆能有效地抑制其虫口。

7. 跳甲

属鞘翅目叶甲科。黄曲条跳甲（*Phyllotreta striolata*），及其若干近缘种。是多种作物的苗期害虫。成虫食叶，被害叶密布虫孔如筛底状，叶干，苗死。幼虫在土中食根可导致瓜秧蔫萎。成虫体小善跳，俗名土跳蚤。用辛硫磷、美曲磷酯等农药喷施，或灌根防治。

8. 种蝇

属双翅目花蝇科，*Delia* 和 *Paregle* 两属的若干种，幼虫植食性兼粪食性，或粪食性兼植食性。以蛹在土中越冬。其幼虫，称地蛆、根蛆。蛀食萌动的种子，捣食根、茎。成虫趋向半腐的植物残体和萌动的种子，在地面产卵。卵期 2~4 d，孵化后幼虫入土，取食 1~2 周化蛹，20~30 d 完成一代。

避免施用未腐熟的农家肥，不施粪水；用糖浆诱蝇；地表撒砂土、草木灰等可减少成虫产卵；药剂拌种，播时撒毒土；辛硫磷药液灌根杀幼虫。

9. 蓟马类

蓟马，属缨翅目蓟马科，*Thrips* 属。如烟蓟马、棕榈蓟马等。体细长约 1 mm，善跳飞。食性杂，喜生活在花朵中和嫩叶丛中，常在叶背沿叶脉以锉吸口器锉破叶表皮，吸食汁液，并传播病毒病。被害嫩叶、嫩梢缩扭变硬，节间短，叶不展，蔓不伸，不坐瓜，或瓜皮粗糙满布锈斑，或瓜僵而不膨大，或为畸形果、裂果。然而，最危险的是蓟马传毒，幼苗受害感染病毒。

二、苗期害虫的防治方法

1. 土栖性害虫

（1）蝼蛄、蟋蟀、金针虫、蛴螬、地老虎类、地蛆等，常生活于土中，土地耕灌、水旱轮作，十分有效。

（2）它们都是苗期害虫，药剂处理种子是最简单、最有效、最经济的方法之一。

（3）不施未腐熟的有机肥。

（4）用灯光诱杀夜蛾、蝼蛄、蟋蟀、叩头甲、金龟甲等成虫。

（5）糖浆（糖 6 份、醋 3 份、酒 1 份，水 100 份，美曲磷酯 1 份）诱杀夜蛾、种蝇等害虫。

（6）用美曲磷酯 1% 毒土防治瓜苗上害虫，用毒砂（砂土 50~100 份、辛硫磷 1 份），用美曲磷酯毒饵（鲜叶、青草、陈粮、油枯等饵料 100~200 份，药 1 份，水 10 份，混匀即成毒饵）黄昏时堆施或条施于株行间，用辛硫磷、美曲磷酯 1000 倍液灌根，可毒杀上述各种害虫。还可兼治象甲、拟步甲、蚂蚁和害鼠。

2. 植栖性苗期害虫

蓟马、蚜虫、斑潜蝇、跳甲、守瓜、瓜绢螟等，原本生活在其他作物或野生植物上。防治要点：① 瓜地要远离荒地、烟地、草地和菜地，清除瓜地周边野生寄主。②用内吸性药剂处理种子，如中等毒性农药丁硫克百威、乐果等处理种子，其持效期一般延续到 1~2 片真叶，能推迟病毒病发病期和减少发病株率。③阿克泰。低毒，具触杀、胃毒和强内吸作用。处理种子或苗期喷雾防蓟马、蚜虫，持效期长。④苗期喷施吡虫啉与盐酸吗啉可防蚜、防蓟马，同时可预防病毒病，要切忌高浓度，以免药害。

三、刺吸类害虫与害螨及防治

1. 蚜虫类

同翅目蚜科。蚜虫俗称腻虫、蜜虫。

瓜田主要种类是瓜蚜（*Aph1is gosspii*）、桃蚜（*Myzus persicae*）。以成、若蚜群聚在叶背和嫩茎上刺吸汁液，造成卷叶，瓜苗停止生长，蚜虫排出的蜜露污染叶片引起煤污病。蚜虫最大的危害在于它们能传播多种病毒病。蚜虫一年发生 20~30 余代，在温室和南方，世代更多。一年中多次产生有翅蚜转换寄主，可能多次携带病毒进行传毒。瓜苗出土后就能招引蚜虫前来取食，蚜虫通过刺吸就可能把病毒种在瓜苗上。

物理防治：①黄板诱蚜，田间铺银灰膜避蚜；②空棚内常用敌敌畏熏杀，敌敌畏熏杀蚜虫的方法应用较广，黄昏时每亩用 80% 敌敌畏乳油 0.25 kg，加锯末点烟熏烟（不要有明火），闭棚至次日清晨开棚散毒；③棚内用 1.5% 虱蚜克烟剂熏杀；④露地瓜田，在蚜虫初发时不要全田喷药，重在挑治有蚜株。化学防治：①首选烟碱、鱼藤精等植物性杀虫剂；②尿洗合剂（尿素 1 份、洗衣粉 1 份、水 100~200 份）；③杀蚜农药种类多，如吡虫啉（对蜜蜂有毒，花前使用），21% 灭杀毙乳油 4000 倍液等。

2. 粉虱类

同翅同粉虱科俗称小白虫、小白蛾。主要种类是温室白粉虱（*Tria1eurodes vaporaiorum*）和烟粉虱（*Bemisia tabaci*）。

一年 10~20 余代，世代重叠，寄主植物多达 200 多种，随寄主植物花卉苗木等远距离传播。冬季在室外不能存活，但在温室下和海南三亚等地自然条件下终年繁殖。近些年它随着温室拱棚设施农业的发展而发展，成了大害虫。成虫和若虫刺吸植物叶片汁液，还传播病毒病，亦可引起煤污病，被害叶片失绿褪色凋落，甚至全株萎蔫枯死。

防治要点：瓜地不要与菜地为邻；大棚周围选种白粉虱不喜好的植物；培育栽植无虫苗；利用高密度防虫网阻挡成虫飞入大棚；连续喷施阿维菌素或吡虫啉等农药。释放天敌丽蚜小蜂。

3. 叶螨类

属蛛形纲叶螨科。俗称红蜘蛛。

成虫、若虫都有 4 对足，幼虫 3 对足。无翅。成螨体长仅 0.5 mm 左右，体色红、微红、红黄、黄绿等。其体色随种类、季节和寄主而异。

广为分布的种类有朱砂叶螨（*Tetranychu cinnabarius*），二斑叶螨（*T. urticae*），截形叶螨（*T. truncatus*）；新疆的优势种是土耳其斯坦叶螨（*T. Turkestani*）。

叶螨在瓜叶背面吸食汁液，叶面初显失绿斑点，渐渐整叶失绿，干枯脱落、植株早衰。造成瓜果减产，糖分降低。一年 10~20 余代，在温室里和南方，世代更多。夏季几天一代，种群数量增长极快。有吐丝习性，数百叶螨聚于叶尖，随风飘散，这预示着将发生更加严重的螨灾。

以成螨在土缝中、树皮缝隙中、杂草下越冬。春天出蛰后先在杂草上产卵繁殖，瓜苗出土或定植后转害瓜苗，靠爬行或借助风雨和人为农事活动携带扩散传播，由点到面，由少到多，渐至全田发生。

防治要点：土壤耕灌，水旱轮作；清除田边地头杂草。化防最佳时机是点片发生时的挑治，选专用杀螨剂而不是杀虫剂，以免杀伤天敌昆虫，导致螨害越来越重。常用的三氯杀螨醇不可再用，它含有滴滴涕，残毒期长。溴螨酯主治叶螨，可供选择的还有杀螨脒、哒螨酮、苯丁锡、四螨嗪、塞螨酮、哒螨灵等。可利用叶螨天敌，如草蛉、瓢虫、六点蓟马、小花蝽、捕食性螨等防治。

四、食叶与潜蛀性害虫

主要种类有瓜绢螟、葫芦夜蛾、棉铃虫、潜蝇类、守瓜类、瓜藤天牛等。

1. 瓜绢螟

瓜绢螟（*Diaphania indica*）又名瓜螟、瓜野螟。属鳞翅目螟蛾科。

1~2 龄幼虫在叶背食叶肉，3~4 龄幼虫吐白丝缀连叶片取食。幼虫亦可蛀瓜。成长幼虫约 11 mm，胴体草绿色，亚背线粗宽，白色，十分明显。幼虫性活泼，遇惊即吐丝下垂。老熟幼虫吐白丝结薄茧化蛹。一年 4~6 代，以老熟幼虫或蛹在枯叶中越冬。

2. 葫芦夜蛾

葫芦夜蛾（*Anadevidia peponis*）属鳞翅目夜蛾科。

一年多代。以老熟幼虫在草丛中越冬。小龄幼虫在叶背啃食叶肉，把叶片咬成网状：大龄幼虫咬食叶基部与叶柄可造成叶枯，幼虫也食花食果。幼虫第 1 与第 2 对腹足退化，幼虫体前端细小，后端粗大。第 1~4 腹节背板上各有白色刺状毛瘤 2 列，前 4 后 2，其上各生 1 淡褐色毛。

3. 棉铃虫

棉铃虫（*Heliothis armigera*）属鳞翅目夜蛾科。

棉铃虫和烟青虫是两个近缘种，常混合发生。寄主多达 250 余种。是棉、粮、油、番茄、烟草的大害虫。也危害瓜类作物，幼虫食叶、茎、花和幼果。约 30 d1 代，以蛹在土中越冬。成虫食花蜜，趋光。化学防治要掌握在卵盛孵期施药，毒杀初龄幼虫。用苏云金杆菌或核型多角体病毒，连续喷 2 次，杀幼虫效果好。现今通常仍是用拟菊酯类低毒农药品种。

4. 潜蝇类

属双翅目，潜蝇科。有美洲斑潜蝇（*Liriomyza sativae*）与豌豆植潜蝇（*Phytomyza horticola*）等多种。

美洲斑潜蝇，检疫性害虫，随苗木、蔬菜远距离传播。在我国是近些年日趋严重的害虫。寄主多达 21 科，100 多种植物。一年 6~20 余代，因地而异。雌虫产卵于叶肉组织中，卵期 2~3 d。幼虫蛆形在叶片中取食叶肉，筑蛇形隧道为害，粪便排于其中。3 龄老熟幼虫从叶中钻出，落于表土或下部叶片上化蛹。受害严重者，叶枯，叶早落，甚至整转枯死，果实曝露在阳光下容易灼伤。成虫亦能为害，成虫用舐吸式口器刺破叶片吸取汁液，它还能传播几种病毒病。

豌豆植潜蝇（异名 *Ph. atricolnis*），除新疆、青海、西藏外，各省均有分布。寄主 20 余科 130 余种植物。幼虫蛆形潜食叶肉，被害叶片渐枯干。3 龄老熟幼虫在隧道末端钻一通气小孔，然后化蛹，羽化的成虫自此小孔飞出。在华北一年 4~6 代，以蛹在被害的叶片中越冬。

5. 守瓜类

属鞘翅目叶甲科。

黄足黄守瓜（*Aulacophora femoralis chinensis*）及其若干近缘种。是瓜类作物常见害虫。以成虫在草堆里、土块下、石缝中群集越冬。成虫食叶、食茎、食花和幼瓜。瓜秧 5 片真叶前，是受害致死的危险期。成虫在土中产卵，幼虫蛀食根茎，也从地面蛀食瓜果，引起腐烂。

五、食叶与潜蛀性害虫的综合防治

（1）加强检疫，防止美洲斑潜蝇输入或输出。

（2）收获后清洁田园，毁烧残株 ，深耕灭蛹，灌水淹杀，以压低虫口基数、减少虫源。

（3）植株附近撒草木灰、石灰，可防黄守瓜成虫产卵。美曲磷酯药液、辛硫磷药液灌根杀幼虫好。

（4）防潜食蛀食性害虫，要注意灭其成虫，防治幼虫于蛀食之前。

（5）黄板、黄盘诱杀斑潜蝇；灯光诱杀夜蛾、螟蛾等害虫。

（6）化学防治潜蝇类需连续用药 2 次；防治咀嚼口器害虫，宜喷施胃毒剂，如美曲磷酯、西维因等，免伤天敌。

（7）甲胺基阿维菌素苯甲酸盐，对鳞翅目幼虫杀虫活性比阿维菌素高，且毒性大大降低。

（8）合成拟菊酯类中可选用低毒品种溴氰菊酯、氟丙菊酯、四溴菊酯、氯菊酯、溴灭菊酯、乙氰菊酯、醚菊酯、溴氰菊酯、氟氯氰菊酯等。

（9）敌敌畏、美曲磷酯等低毒有机磷农药仍是常用农药。

六、蛀果害虫

蛀果害虫均为双翅目实蝇科。

1. 瓜实蝇

瓜实蝇（*Chaetodacus cucurbitae*）又名瓜小实蝇。分布在东南、台湾、华南、华中等地。寄主为葫芦科植物。一年发生多代。成虫将产卵管插入瓜内产卵，一瓜中产数粒至数十粒不等，卵期约 1 d，孵化后幼虫在瓜内蛀食，幼虫期 8~10 d，老熟幼虫脱出烂瓜入土化蛹。蛹期约 10 d。成虫飞翔力强，再选择瓜果产卵。

2. 南亚寡鬃实蝇

南亚寡鬃实蝇［*Bactrocera*（Zeugodacus）*tau*（Walker）］，异名 *Dacus tau*（Walker）。危险性检疫害虫，国内已知分布区有台湾、华南、西南、甘

肃、山西等地。已知寄主 16 科 80 余种。为害芒果、罗汉果、番石榴、木瓜、杨桃、桃、茄子、番茄等。成虫在瓜上产卵，幼虫在瓜内生活，把瓜蛀成蜂窝状，瓜果腐烂脱落。幼虫有弹跳习性，能弹 5~30 cm 高，老熟幼虫可从烂瓜中弹出或随烂瓜入土化蛹。一年多代，以蛹在土中越冬。

后记
Postscript

湖南是瓜类种植大省，历年西瓜、甜瓜种植面积稳定在150万亩以上，是我国西瓜、甜瓜主产区之一。西瓜、甜瓜种植时间短，收益快，成本低，收入高，属于典型的“短、平、快”农业产业。但随着农业生产资料和劳动力价格不断攀升，加上湖南省每年早春低温、阴雨、寡照和6~7月连续强降雨等灾害性天气频发，传统的西瓜、甜瓜种植模式和种植技术已经很难满足市场对绿色、健康西瓜、甜瓜产品的需求。为此，湖南省西瓜、甜瓜科技工作者进行了不懈探索，在新品种选育、配套栽培技术应用、病虫害绿色防治等方面取得了一系列新成果，对促进西瓜、甜瓜生产提质增效具有重要作用。

为满足生产需要，普及推广实用新技术，我们组织编写了《西瓜甜瓜栽培技术》，重点介绍了西瓜和甜瓜的栽培品种、育苗技术、栽培模式、病虫害防治等内容，语言通俗易懂，实用性强，可作为技术培训资料或供从业人员在生产中参考使用。

本书在编写过程中参阅和引用了国内外许多学者、专家的研究成果与文献，在此一并表示感谢！

由于编者水平有限，书中如有不妥之处，敬请读者批评指正。

编　者